仕事の速い人が絶対やらない時間の使い方

精準取捨

避開90%時間陷阱的高效工作術

日本時間管理大師
MEGURU RIOH
理央周

高詹燦、蘇聖翔——譯

前言

「精準取捨」讓人生更精彩！

「每天都加班，常常搞到要搭計程車回家。我也想跟別人一樣早點回家啊！」

「被工作追著跑，完全沒有自己的時間。」

「我的工時比其他人更長，成果卻似乎不如預期。」

我撰寫本書的動機，就是為了這些想改變現狀的人。

「時間有限」這個事實是每一個人共有的，因此，在短時間內創造驚人成果的「高效工作者」，比耗費長時間卻成果不如預期的「低效工作者」能完成更多事。

我曾在TOYOTA體系的企業任職，在第三年首次跳槽到瑞士商菲利普莫里斯國際，之後先後進入亞馬遜與萬事達卡等十間公司。

在這些職場上，我與眾多優秀人才共事，學習到工作分為兩種：一是旨在完成工作的「作業」，二是旨在創造價值的「價業」。而必須重視的當然是「價業」。

低效工作者被「作業」追著跑，他們通常認為自己工作很認真。而另一方面，高效工作者不斷追求「作業」效率，因此能有效運用時間，充實自己在「價業」方面的成果。

時間一去不復返。

時間正如人力、物資、金錢與資訊，同樣都是經營上寶貴的資源。今日市場趨勢的變化劇烈而快速，擬定策略、投入經營資源的方式，將大幅改變企業的業績。

這個道理也能套用在人生。生命一去不復返，寶貴的「人生經營資源」(也就是時間)的流向將會有截然不同的人生成果。或許只要改變「運用時間的方式」，人生就會變得更有意義。

擬定時間運用策略時，最大的重點在於「取捨」。換句話說，就是決定「該捨之物、該做之事」。

大多數人如果想改變現況，通常會開始做一些新嘗試。但任何一位知名的經營者，都無法改變「時間有限」這一項事實。

想要改變現狀，思考「該捨之物、該做何事」並加以實行，正是最短途徑。也因此，如果你想要有效運用時間，就必須從「確定該做的事」開始。

關於工作上高效的「思考方式與實踐方式」，本書將以正確（✔）與錯誤（✖）的對照來呈現「該捨之物、該做之事」，提醒可能落入時間陷阱的讀者。書中的文章架構也經過筆者精心設計，能讓各位立即實踐。

願拿起本書的你，能有效運用「人生經營資源」中最寶貴的時間，進而完成你專屬的「價業」，享受豐沛的成果。而不只工作，若你能從本書中學得豐富人生的時間管理方式，將會是我無上的喜悅。

來吧，讓我們一起看看《精準取捨》。

理央周

目錄

第2章 建立效率超群的「程序」

第3章

聰明人的省時「郵件寫法」

第4章 這樣「開會、商談」提高生產力

第5章 時間救星：正確製作資料

第 1 章

破除常見迷思，杜絕時間小偷

01

加班不代表「認真工作」

高效工作者並不會覺得加班就是「認真工作」。因為他們知道，所謂的工作並不強調過程，而是追求成果。

假如被人這樣說：「他總是在公司留到很晚，但似乎沒做出什麼成果。」加班這件事就變得毫無意義。

「老是加班」、「老是睡不飽」是工作能力差的證據？

每天晚上加班、趕末班車回家，「喔，這個月加班時數也這麼多。」「我真是為了工作在賣命啊。」你可曾沉浸在這種成就感之中？或總是反射性地對身邊的人說自己「老是睡不飽」呢？

符合以上描述的人，**很有可能自認為「認真工作」**。儘管不能一概而論，但以日本企業而言，「工作時間長是一種美德」、「職場散發出不能比主管更早離開的氣氛」是普遍的觀點。

加班若有成果倒也無可厚非，但如果是覺得「今天真努力！」而在長時間工作與疲勞感之中得到成就感的話，那就偏離了工作的本質。

工作是以「成果」來評價，而非「時間」

我大學畢業之後就進入日本企業，之後也在幾家外資企業任職。我一開始待的外資企業菲利普莫里斯，裡面很多員工都在下午五、六點下班，幾乎沒有人超過晚上8點還留在公司。

外資企業大多是成果主義。薪水也是以年薪計，加班再多也不會改變年收入。加班沒成果反而還會被降級，甚至被開除。

在這種環境下，工作者會盡量在短時間內獲得成果。而且要是不加班，還可以用提升效率省下的時間來充實私生活，或用來學習、投資自己。

這並不是說外資企業比日本企業做法更高明。但是，若能短時間內得到同樣的成果，當然再好不過了。最重要的是，**一定要謹記工作非以「達成目標所花的時間」，而是以「成果」評價**。

加班時間用來投資自己

我待在菲利普莫里斯之時也在時間的運用方式徹底下工夫，不加班的時間我跑去GLOBIS這間商業學校上課。

我修了行銷學的單科課程，同學之中有銀行員、企業人士、製造業人士等各行各業，讓我在商業的實務方面有不少學習的機會。

廣告與宣傳是我的專業，為了銷售我必須編列預算。可是銀行員會問：「你要從哪兒生錢出來？」企業人士也會問：「你打算如何籌錢？」他們站在不同角度對我提出質疑。我如果一直待在公司裡加班，就無法察覺到這一些立場不同的觀點。這段學習的經驗過程，成為了我往後數十年在商業領域的本錢。

此外，因為進入那所學校，我開始思考留學念ＭＢＡ。至於留學的準備，我也是利用不加班而省下的時間。我之後確實跑去唸外語學校，接著在夢寐以求的學校裡取得ＭＢＡ。這些都是由於「不加班」，並把時間投資在自己身上才能夠達到的。

有充實的私生活才有豐富的人生

當然，並非只有去商業學校，或投入工作才是時間的運用方式。

我第一間任職的中央發條株式會社，裡面有個工作速度驚人、快得幾乎無法想像的厲害人物。對我而言，他是我第一位「值得尊敬的主管」。

不只是我，他身邊大多數人都十分敬重他。他能如此深受信賴，並不單單只是工作能力優秀。

他的魅力，在於他假日時會帶下屬們出去玩，或是邀請到家裡作客，讓他們嚐嚐妻子親手做的料理，而他個人的休假時間非常充實也是理由之一。

和不斷加班、工作累得精疲力盡的自己相比，總覺得他真是太厲害了。正是因為遇見他，才會覺得不只工作，我也想度過豐富的人生。現在我也很重視料理與園藝，以及和妻子朋友的用餐時間。**不只工作，私生活也很充實，才能豐富自己的人生**。

時間陷阱題

你時常下班後還留在公司嗎？

✖「自以為認真工作」的加班

工作的目的並非追求「工作時數」，而是要「拿出成果」。請思考加班是否有必要？還有不得不加班的理由究竟為何？

✔不加班拿出「成果」，將時間拿來投資自己

如果不加班就能完成工作，這些時間就能用來投資自己。充實的領域不一定要與商業有關，經營興趣與個人生活也不錯。

02

行事曆上永遠該有「空檔」

要知道自己是否有足夠時間從事「價業」（會帶來價值的工作），只要確認行事曆便可得知。行事曆被行程塞滿的人可得注意。

工作的最終目的是拿出成果。雖然必須重視用來創造價值的「價業」時間，但行事曆塞滿的人很可能排不出空檔。請注意，**不能滿足於「塞滿行事曆」**。

檢視月行事曆，騰出「空白」

能創造新價值的工作，並非只花5分鐘、10分鐘就能完成。

比方說，我在擬定客戶下一期行銷策略，或我新書的主題時，需要一段完整的時間。

只要我埋首在這些「價業」之中，就必須集中精神，絕不會外出辦事。不過，如果行事曆充滿了與客戶的預定行程，或是與出版社的商洽，我就不可能有時間創造有價值的工作。

盡量每週留兩天，至少也得每週留一天的空檔，才能確保自己專注於「價業」的時間，而不是只被「作業」追著跑。

不只當日的行程，養成習慣檢視一週、一個月的行事曆也是非常重要的事。一次檢視一個月，問自己「是否排得太滿？」這個確認習慣至關重要。另外，到了週末或月底，也可以再次檢視下一週（下個月）的行程，如此一來能及早、有效地發現哪些行程忘了，或哪些行程重複了，可謂一舉兩得。

外出行程盡量集中，以確保時間

如果想要有完全沒有行程、能靜下心來面對「價業」的一天，必然是將行程集中在某些有安排的日子裡。

比方說，假如客戶希望調整會議的預定日，那通常會有幾個時段能選擇。這時不應挑選沒有排行程的日子，而應該排在原本就有計畫的日子裡的其他時段。

行事曆上的空檔盡量不排行程，更能抽出時間經營「價業」。

假如你總是以「與別人」的行程為優先，而時常忘了留給自己靜下心思考，或創造價值的時間，那就安排「與自己」的行程。

像我會在行事曆上寫下「思考行銷策略」、「擬定下一本書的企畫」等，安排與自己的計畫。只要在行事曆排定這些時間，就能防止之後插入預定。排定之後，除非情況萬不得已，否則不要改動已經排定的行程。

定期確認每一天的預定，確保從事自己「價業」的時間吧。

時間陷阱題

怎樣的行事曆可以帶來巨大成果？

被各種行程塞滿

「忙碌≠工作能力強」。行程塞得滿滿的就抽不出時間從事「價業」，這點要有自覺。

總是留有「空檔」，確保有時間從事價業

高效工作者，每一週都會確保自己有幾段完整的時間能從事「價業」。此外，他們的行程也留有餘裕，非但不會遲到，也不會錯失商機。

03

多數人的「待辦清單」都寫錯了！

「這件工作要花多少時間才能完成？」

「今天幾點可以結束工作？」

面對這些問題，低效工作者會含糊回答：「這個……要等我動手做才知道。」相對地，高效工作者則會明確回答：「十號中午前可以讓您過目。」「今天晚上6點就能離開公司。」

之所以有此差異，理由之一在於待辦事項清單的寫法。

待辦清單（To-Do List）不只要寫「期限」，也要寫出「所需時間」

高效工作者工作時不會拖拖拉拉。他會估計每一項作業所需要的時間。正如沒有預算就無法實行計畫，而不知道所需時間的話就無法有效率地工作。

工作時必須確實記下待辦事項清單。不過，**只寫了「應辦事項」的清單並不完整**。首先，**清楚寫下「須在何時前完成」的期限**是重點。沒有截止日期的工作總是會被一再擱置，這就是人性。

假如發現期限不明，遲遲未有進展的工作，不如先與該工作相關人員安排會面。知道了期限，工作才會有優先順序，也才能推動之前未有進展的計畫。

此外，**高效工作者會在清單上估計所需時間**。例如寫出「10日截止，資料最後確認（30分鐘）」。如此一來，就能掌握時間的運用方式，最後再分析與預期有差異的原因，並於下一次活用，妥善控管時間與工作。

待辦清單可以數位管理，也可以傳統（手寫）管理，其實只要適合自己哪一種都可以。為了重複確認行程是否有遺漏，數位、傳統並用也是個好方法。

預留時間對應「突發工作」

職場上總是會碰到客訴、主管交辦事項等「突發工作」。沒有習慣估算「所需工作時間」的人，一旦插入這些意料之外的工作，馬上就會在時間管理上出現破綻，結果加班到深夜，假日也得上班，甚至必須把工作帶回家。

高效工作者每一天擬定行程時，會預留1小時以備不時之需，用來對應這些突發工作。他的想法不是「一切順利我就可以來得及」，而是「就算出問題我也來得及」。

想要如此**確保預留的時間，請確實估算每一項待辦事項的所需時間**。

工作速度的差異也會呈現在待辦清單上。不只是「期限」，「所需時間」也要寫明。藉此確保預留時間，便有餘裕能夠處理突發工作。

時間陷阱題

如何用「待辦清單」做好時間管理？

只是把工作列出來，少了「期限」與「所需時間」

首先不能只依靠「記憶」，而是要「記錄」在待辦清單上。另外，只寫下「應辦事項＝工作」的清單並不完整。

完整寫出「期限」與「所需時間」

將期限與所需時間寫在待辦清單上，主管確認時不但能流利應對，也能有餘裕對應突發工作。

04

不以「擅長與否」決定工作順序

待辦清單寫好之後，還要安排優先順序，決定每項工作的順位，以及何時開始。

比起「喜歡的事」，更應該先著手「該做的事」

我還是公司職員時，時常觀察成效低落的人，分析他們問題出在何處，我發現他們習慣先進行自己「擅長（喜歡）的事」。

有些人總是煩惱自己毫無成果，我會建議他們不要先做自己「擅長的事」，而是應從「該做的事」開始。

「擅長（喜歡）的事／不擅長（討厭）的事」×「立即該做的事／可以延後的事」以

● 喜歡的事要先「擱下」●

	擅長（喜歡）的事	不擅長（討厭）的事
立即 該做的事	A	B
可以 延後的事	C	D

· 低效工作者 A→C→B→D
· 效率普通者 A→B→C→D
· 高效工作者 B→A→D→C

這兩條軸線進行分類，大多數人會先從「擅長、該做的事」（A）開始著手。如果接著選擇「不擅長、立即該做的事」（B）倒是還好，但許多人會開始做「擅長、可以延後的事」（C）。

以「擅長與否」決定優先順序的人，時常猛然發現自己累積了不少B。直到期限逼近，最後心不甘情不願地動手時，剛好有突發工作來攪局，於是手忙腳亂、完全無法趕上。

高效工作者會從B著手。雖然A與B都是「該做的事」，不過因為自己擅長的A工作能心情愉悅地進行，通常也會一如預期在短時間內有效率地完成。一開始先處理不擅長的B，確保之後也能從容不迫。

先「嘗試」不擅長的工作

先從討厭的事著手還有一個優點。**因為比起擅長的事，做不擅長的事有時得問人或查資料，通常遠比預料中更花時間**。若這個工作是自己沒經驗的領域，有時根本不曉得到底會花多久。換言之，估算所需時間容易有誤差。

不擅長或不太有經驗的工作如果擱置不管，直到期限逼近才開始動手，一定會手忙腳亂：**「沒想到這麼花時間！」**為了避免這種狀況，重點在於**當必須做不擅長的工作的那一刻，馬上試著動手**。稍微實際了解狀況之後，就能預測大概得花多久時間。只要小小嘗試，估算所需時間就不會大幅失準。

一開始不必非得將工作做到完美。先開始動手做，在期限前聽取他人的建議，同時研究如何提高工作精確度。

時間陷阱題

工作的執行順序為何？

✖

先從擅長的工作著手

「擅長（喜歡）的工作」無論何時動手都能維持一定品質。反倒是應該先做「不擅長（討厭）的工作」。

✔

從不擅長的工作著手，並準確估算所需時間

先做不擅長的工作，可減少估算的誤差，即使有突發工作也不會手忙腳亂。

05

上班前5分鐘的價值＝1小時

高效工作者能有效運用一天的時間。由於通常下午的作業效率會下滑，他會將狀態良好的上午分配給「價業」。

上午的「黃金時段」用來完成主要工作

如果公司9點開始上班，而你總是趕在最後一刻到達，那就要注意了。上班前5分鐘是會影響整個上午工作效率的重要時間，趕在最後一刻進公司的人極有可能無法善用上午的時間。

我第一次跳槽的外資企業菲利普莫里斯，幾乎所有人最遲在晚上8點都會離開公司。然而，雖然這間公司幾乎沒人加班，早上所有員工卻比規定時間更早到。

因為大家都知道，**沒有電話要接，沒有磋商討論，這一段開始工作前的時間是工作效率最高的黃金時段**。

少有人可以一坐到辦公桌前，便能立刻以全速開始工作。若是以車子為例，剛上班的時段就是引擎尚未暖機的狀態。

高效工作者一到上班時間就會勤奮地開始工作。在通勤這段時間，他們會在到達公司前讓腦袋暖身，想想今天的時間該如何運用，或重新思考工作規畫。而且，如果提早5分鐘在自己辦公桌前就位，等到開始工作時就能立即進入狂踩油門的狀態。

像我一到公司就會立刻確認郵件，能回信的就先回覆，**完成這些「作業」後，就儘早轉移到「價業」上**。

上午能分配給「作業」的時間頂多30分鐘。一旦知道自己已經火力全開了，就立即轉移到「價業」上。具體來說，像思考對客戶的提案或擬定新企畫，必須在頭腦靈活的上午進行。把網路關掉，不接收郵件也很有效。上午就完成當日的主要工作最為理想。

早點達到專注的高峰

即使再優秀，一個人也無法一整天用全速完成高品質的工作。大多數人在午餐過後會想睡覺，或是作業效率低落。

考量到這一點，如何盡早在上午的時段達到巔峰（也就是「有幹勁」的狀態）便至關重要。愈早達到高峰，在狀況好的上午就能完成愈多工作。**最好要想著，當天的主要工作必須在上午完成**。

從這一點就能明白提早5分鐘就位，讓自己開始工作時火力全開有多重要。開始工作前5分鐘的價值＝1小時。

時間陷阱題

開始工作前該做何事？

最後一刻才進公司

趕在最後一刻才進公司的人，還得花時間進入狀況，無法有效利用狀況最佳的上午時間。

工作前先暖機，善用黃金時段

高效工作者一到上班時間就已經正式開始工作，能較早全速衝刺，並充分運用上午的時間。

06

「零碎時間」只能看手機嗎？

毫無例外，高效工作者都會有效利用「零碎時間」。而其中祕訣在於隨時準備好「零碎時間用的工作」。

有效利用5分鐘、10分鐘的「零碎時間」

所謂的零碎時間，就是5分鐘、10分鐘的空暇時間。工作與工作之間的片段、在月台等列車的時間、等電梯的時間，或者是距離下個計畫的前5分鐘等，我都當成「零碎時間」。

應該要有效運用這些零碎時間，用來完成「作業」。例如整理名片、細算當日經費或整理文件等，**平時不妨做筆記，累積能在短短時間內完成的「作業」清單**。

零碎時間能完成的作業，分為可以用智慧型手機完成的，以及要用電腦完成的。例如，檢查社群網站或郵件等作業，用手機或電腦做並沒有太大差異，至於複雜的郵件回信或Excel輸入等，用電腦作業比較有效率。

舉例來說，我會利用零碎時間把交換來的重要名片輸入到Excel方便管理。雖然現在有許多便利的APP，但我使用Excel的理由是容易分析。不只名片上的資訊，何時何地又如何接觸，或寄了哪種DM給誰等，Excel可以藉由追加記錄分析重要性。此外，無法用傳統管理方法的「檢索」也能辦到。這種作業也不用特地花時間，利用空暇的零碎時間即可。

隨時準備5分鐘、10分鐘的「零碎時間作業」

隨著智慧型手機普及，空暇時間用的工作基本上都能用手機完成。減少發呆、放空的時間，利用零碎時間來完成工作吧。

對我而言，在LINE、臉書、推特、Instagram、YouTube等社群網站發布訊息也是工作的一部分，但我不會特地保留時間做這些事情。不只是回覆郵件與LINE的訊息，我也會回應臉書與推特的留言，但全部都是利用「空暇時間」。

此外，上述LINE與郵件的確認，臉書與推特的留言回覆，我都是利用自己的智慧型手機。

列車到站前的短短5分鐘，或許你會懷疑這段時間能做什麼事？但像是LINE的訊息回覆，對臉書留言按「讚」與回覆的這些作業，完成的時間只要約10秒。如果有5分鐘的零碎時間，你就能回覆很多訊息。一天如果有幾次這種零碎時間，就不用特地花時間回覆社群網站。比起放空度過，這麼一來更能積累相當多的時間。

反過來說，若有15分鐘以上完整的時間，那麼就已經不算是「空暇時間」。這一段時間能用來閱讀或看報紙。下一節將會詳細介紹。

時間陷阱題

你都如何活用空暇時間？

用5分鐘、10分鐘的零碎時間來放空

如果毫無自覺，只做喜歡與想做的事而浪費掉零碎時間，一天好幾次加起來也十分驚人。請先確認自己是否有不自覺放空的零碎時間。

預先選出零碎時間能完成的「作業」

高效工作者會留一些「作業」，在辦公室或外出的零碎時間內處理。準備一些外出時能用手機、在辦公室時能用電腦處理的「作業」吧。

07

通勤時不看社群網站

你是否煩惱自己沒時間看書、讀報了呢？若是如此，搭列車通勤時就別再用手機看社群網站或玩遊戲了吧。

15分鐘以上的「完整時間」用來看書或報紙

高效工作者不會在列車上無所事事地滑手機，因為他知道搭車是15分鐘以上的完整寶貴時間。

搭列車的時間若有15分鐘以上，建議當成自己吸收資訊的時間。毫無目的地瀏覽社群網站，轉眼間15分鐘就會消失，如此運用時間實在很可惜。

即使15或30分鐘，搭列車的時間若能有效利用於提高自己的價值，累積一年下來的複利也會很驚人。**一天10分鐘，簡單以一年240個工作天計算，一年就差了40小時**。我有一些朋友，他們光是省下通勤時漫無目的滑手機的時間，就能每天讀完一本書。相信讀者明白，15分鐘的時間可以讀不少書。

另外，拿手機當成電子書閱讀器當然沒有問題。但這時應該關掉社群網站的通知（有訊息或回應時，自動跳出畫面顯示的功能）才能專注於閱讀。若是有接二連三的通知，這一段難得的完整時間就會變得零碎。

閱讀並不限於書本、報紙。我自己也喜愛閱讀，而且最喜歡漫畫、雜誌。以前我從橫濱的家到澀谷上班時，每天都花30分鐘搭東橫線。這30分鐘一定是我的閱讀時間，往返都是，每週10次搭列車的時間中，會有3次是看《BIG COMICS》、《Big Comic Original》或《Morning》。

早上看漫畫尤其有助於暖暖腦袋。

有益的資訊就藏在你「沒興趣的地方」

現在有新聞APP或媒體網站等，使用者也不少。但關於收集資訊的方法，我建議別經由網路，而是從頭版開始依序讀報。

網路確實十分便利，馬上就能找到自己有興趣的報導，對於同一件事能閱讀多篇相關文章，乍看之下比讀報更有效率。不過，**工作上的成長機會與新發現，反而時常存在於「不熟悉領域的資訊」**。

只從網路收集資訊只會得到自己有興趣的資訊，視野因此可能變得狹隘。關於這點，由於報紙並不是依照「自己的興趣順序」，而是按「社會上的重要順序」整理內容，帶有媒體專業第三者之意志。讀報時偶然間看到的報導，很有可能藏有對你的工作非常重要的資訊。

吸收資訊並非一朝一夕，平日累積才能起作用。而「完整的時間」應活用於吸收高質量的資訊。

時間陷阱題

忙到沒有時間讀書？

用手機看社群網站或玩遊戲

社群網站上，很少資訊有能當成商業靈感。如果實在很想看就利用零碎時間，至於完整時間，則要當成吸收資訊的時間。

通勤超過15分鐘就看書或讀報

每天一定會有通勤時間，要有意識地用於吸收資訊，也應該隨身攜帶資訊的媒介（書或報紙等）。

08

零亂的桌面是「專注力殺手」

毫無例外，高效工作者的辦公桌都是整整齊齊。時常整理辦公桌上物品的人，腦袋也會思緒清晰。

找東西會中斷「專注力」

辦公桌零亂的人總是在找東西，不只浪費寶貴時間，手忙腳亂的模樣看起來也很失禮。當主管要求提出資料時，嘴上嚷著：「請等一下。」結果找了老半天還是找不到立刻需要的東西，也會讓人失去信任。

除此之外，**不整理辦公桌會引起更大的問題，就是專注力中斷**。

例如，你在看參考文件時卻找不到書籤，於是開始在辦公桌上尋找。這個行為不過幾分鐘，卻會使專注力一下子中斷，好不容易浮現的點子也有可能消失。

不只是損失找東西的時間，當你在找東西的時候，**原本火力全開的工作效率會降速，而必須重新加速才是最大的損失**。

管理大師彼得．杜拉克的「系統化捨棄」是什麼？

假設有一個辦公桌零亂的人想整理東西。這種狀況下，單純「必須整理」的想法是錯的，因為其實是無謂的東西太多才顯得零亂。若不根治這一點，問題永遠不會解決。極端來說，如果桌上全都是必要的物品，零亂一點也沒關係。

需要的不是整理收拾，而是丟棄——杜拉克稱之為「系統化捨棄」。杜拉克為了激發讓組織活性化的創新，提倡削掉多餘的贅肉以適應環境。不只物理上的「東西」，就連服務、商品與營業手法等也是捨棄的對象，但本章將簡單聚焦在物品的丟棄方式。

杜拉克所說的系統化捨棄，有下列三個過程：

①先假設現在沒有這個東西。

②思考現在是否會再嘗試取得這個東西？

③如果判斷「不會」，這個東西就必須立即捨棄。

按照上述過程，辦公桌上的物品不是要「整理」，而是要選擇性「捨棄」。

高效工作者下班回家時，通常辦公桌上不會有任何物品。就算每天整理有點困難，至少週末前也要收拾整齊，養成物品歸位的習慣。

找到一套自己的「丟棄標準」

有一位經營清潔公司的朋友告訴我，衣服的保存期限是三年，書本則是一年。他認為三年沒穿過的衣服和一年沒翻過的書，就表示這個物品對這個人來說已經是過去式。

像這樣**找到一套自己丟棄物品的標準**，**判斷時就不會猶豫**。

我如果留有文件的電子檔，基本上都會丟掉紙本，等到真正需要時再印出來。「日後可能會用到的重要文件」也是，因為通常一定有人持有，且日常工作幾乎也不會重看，建議大家過了一定的時間便可丟掉。

放置不管的話，工作相關物品就會不斷增加。**定下自己的規則，有意識地「丟棄，而非整理」**。

整理資料時，順手標上「檔案名稱」

不只物理上的桌面，電腦的桌面也是一樣。找檔案時，是否有人總是會花上好幾分鐘呢？這也是阻礙工作速度的原因。

我的電腦桌面幾乎沒有任何東西。所需資料都加密保存在雲端上。桌面上太多檔案也可能加大電腦的負荷，操作時須花費時間。桌面保持乾淨，就結果而言也能縮短時間。

為了容易找到檔案與資料夾，**也得在檔案名稱做標記**。而且標上「〇〇資料」之外，也要搭配日期，之後查找便很容易。

例如2019年1月30日所用的會議資料，檔案名稱若是**「190130_〇〇資料」**，就能從會議日程與資料名稱查找。

不僅如此，製作資料的時間序列只從檔案名稱便一目了然，可以防止新舊資料混淆的錯誤。如果檔案在同一天反覆修改或更新，除了時間序列，可以再載明「ver1.0」等版本。

檔案名稱加上★標記成**「★〇〇資料」**，在依檔案名稱順序重新排列時會排到最上面。將日常使用的檔案前加上★，也能省去檢索的工夫與時間。

系統化的捨棄不只限於辦公桌，電腦與網路上的資料夾與子目錄如果不再使用，就刪除吧。藉由整頓環境，讓自己專注於該做的工作上。

時間陷阱題

你的工作環境能讓你專注嗎？

辦公桌或電腦桌面上放置沒必要的東西

「找東西」不只耗時，也會消耗精力，甚至喪失別人對你的信任，這點必須牢記在心。

週末前做好「系統化捨棄」，並加以整理

辦公桌整齊的人，會時常系統化地整理不需要的物品。他們都在容易刺激新點子與突破創新的環境下工作。

09

及早準備出差，多排幾項行程

出差須耗費時間與費用，運用時間的方式尤其重要。需要出差時，儘早約好其他預定行程，高效完成所有事情吧。

有效率地決定出差時的預定行程

我目前住在名古屋，每月會到東京出差一、兩次。去東京時我會盡量多排一些行程。明明要到東京，如果只有一項預定，相對於移動時間長度實在很可惜，所以我會盡量多排幾項行程。

擬定出差行程表時，也要和移動路線結合。重要的核心行程已經決定好了，之後思考前後的路線，決定其他行程時盡可能距離近一點。這種情況下，行程之間的交通時間多預留30分鐘以上會比較充裕。

「順利排好行程」的訣竅

由於出差時間有限，通常對方也會配合我們的行程。

但愈是這種時候，愈**不能強迫對方配合自己，重點在於，應該考慮對方的情況排定行程**。務必避免前幾天才突然安排預約。愈是時間緊迫，對方也愈難配合，所以當決定出差的那一刻，應該盡量一次排好所有預約行程。

職場上總是會有人「每次都能順利排好預約」。這並非偶然，而是他會顧慮對方的行程，儘早排好預約。

如果經常顧慮別人，一旦發生問題時也能得到諒解，這是人之常情。在出差這種對方會替你著想的時候，更要留意待人處事，排出不會強人所難的預約。

出差前通常行程會較為匆忙。出差前夕，應該比平時更提早完成工作，從容不迫地檢視行程表。為避免出差時忘了帶東西，準備一套出差旅行組也是節約時間的一個方法。

為何住不同的飯店？

我出差時每次都投宿不同的飯店。因為我都訂離早上第一個行程最近的飯店。此外，由於我從事行銷領域的工作，所以也想多住幾家不同的飯店，比較各家的服務品質。如此一來不但能減少時間浪費，也能當成行銷參考。各位讀者出差時，或許也能藉此多接觸一些資訊。

時間陷阱題

如何高明地做好出差準備？

到了出差前幾天，才匆忙安排預約

事到臨頭才安排預約，可能會無法在理想的時間見到想見的人。盡量避免只約好單一行程，而未考慮整體性。主要行程決定後，就應該立刻安排其他預定。

確定出差日期後，儘早決定重要預約

若能儘早排定核心行程，自己安排行程表時就不會浪費時間。通常出差時對方易於接受自己的要求，但安排時可別強人所難，這也是為了將來著想。

高效專欄
column 1

體貼別人運用時間的方式

公司對外發布資訊稱為「外部行銷」。相對地，向公司職員發布則稱為「內部行銷」──將後者看成「讓公司內部溝通圓滿」的行銷活動便容易理解。

這個觀點也能應用在個人運用時間的方式上。運用時間的方式大概也包含了委託、交接等牽扯到與其他人的溝通。假如一起工作，彼此愉快開心地共事自是最好。

此時的重點是，不能只考慮自己運用時間的方式，也要體貼其他人運用時間的方式。這樣一來，其他人的行動也會比較順暢，而你會被認為是適合共事的人，取得大家的信任。

高效工作者進行工作時不會採取自我本位。他在進行工作時會明確地意識到一件事，就是委託的方式將會讓對方更好做事，而交接的形式也會影響對方的意願。

「你能體貼別人運用時間的方式嗎？」

只要這樣時常詢問自己，不只能提高工作速度，生產力也會大幅躍進。

第2章

建立效率超群的「程序」

10

你掌握整體情況了沒？

高效與低效的人，差別就在於安排「程序」（段取り）的技能。所謂程序是指順序與步驟，語源來自於歌舞伎的舞台用語。日文中的「段」是戲劇的一幕，戲劇的流程與結構的進展稱為「段取り」，引申為順利進行的步驟。

「程序」決定了料理與工作的品質

安排程序時，最重要的是一開始環顧整體，並且思考目前工作的最佳化。其後安排的程序會影響工作速度與品質。

旅行必須有目的地，才能規畫有效率的路線與交通方式，同樣地，**商業也得掌握整**

體情況，才能有效率地工作。

我很喜歡下廚，而工作與料理的程序概念十分相似。請回想一下做飯時的情況。例如你要煮白飯、味噌湯，再加上一道配菜。為了讓每一道菜在最佳時機上桌，你必須從最後的呈現來反推時間，藉此思考調理的順序。

厲害的人一開始會先洗米做好準備，弄好配菜後燒水，在煮湯時切好味噌湯的食材，煮沸後馬上倒進去……諸如此類，計算整體時間，思考出盡量不會浪費時間的程序。

反之，沒效率的人在調理一段時間後才發覺：「咦？味噌用完了。我要出門去買。」耗費許多時間，無法在預定時間內做出美味料理。

從「整體情況」反推「眼前工作」

從下廚的例子也能明白，思考程序時必須從完成之後的狀態反推過程。「在預定時間內做出美味料理」，在商業上相當於「在期限之前做出高品質的成品」。

首先，重點是掌握「整體情況＝完成的狀態」。**所謂整體情況是指「何時、如何、**

做什麼？」這個大目標。想要到達目標，要先思考「何時、該做什麼最好？」這樣的小目標，安排程序時才會順利。這個大目標（整體）與小目標（部分）的最佳化，正是安排程序的關鍵。

我的朋友在寄送某一本書的原稿時，編輯回信要求修改第一章。她按照編輯的要求，對文章加以修改，不料正在進行時編輯卻告訴她：「看完第二章之後，我發現第一章的這裡也修改一下比較好。」不斷追加修改的要求。

在這位朋友的眼中，由於修改時又多出新的修改要求，於是必須花上兩道工夫。這就是看不清整體情況的例子。掌握整體最佳化（在期限前做出一本好書），再思考部分最佳化（修改一章的指示），就不會像這樣浪費時間。

首先掌握整體情況，由此反推該以哪種過程進行，才能提高速度與效率，這些在事前都必須仔細思考。

時間陷阱題

同時提高「速度」與「品質」的方法

只依序完成「眼前的工作」

不看整體，只思考自己的工作，即使自己工作的部分已最佳化，對整體而言卻不見得有好成果（＝部分最佳化）。

掌握「整體情況」重新安排「眼前的工作」

高效工作者總是思考最終成果。先掌握整體最佳化，再思考朝向目標的部分最佳化依序安排程序（＝能以整體最佳化思考）。

11 交接工作時，先思考「後續作業」

安排程序時除了掌握整體情況還有一項重點。就是思考「後續作業」。所謂「後續作業」是針對自己工作的接手對象（下個工作進度的人）。**高效工作者在工作時會想辦法讓後續作業的人方便**。以結果而言，這個舉動能提升整體速度。

工作速度由「交棒方式」決定

工作就像接力賽跑，如果注意好好把接力棒傳到下一名跑者手中，整體速度自然會提高。另一方面，若是掉棒就會失速。因此**得在交棒方式下工夫**。

例如，進行摺紙的流水作業時，如果接手的人是左撇子，只要將紙轉成讓他方便作業的方向，效率就會提升。如此一來也能提高整體效率，最終整體作業便能快速結束。這就是「思考後續作業」的力量。

過去我在TOYOTA體系的公司裡待過汽車彈簧的生產管理部門。彈簧在完成之前有幾道製程，作業本身由機械進行，一道製程與下個製程中間的橋梁是人類的工作。這時，若能在方便工作的狀態下交給後續作業的人，對生產性將造成極大的差異。

不思考後續作業的人，可能會把彈簧放在稍遠的地方。「從A拿到B的作業」假設得花1秒，每天移動2000個彈簧就是2000秒，換句話說，公司會損失將近30分鐘的時間，而這些損失結果將耽誤整體的工作。

另外，**工作時不顧及後續作業的人，不僅會造成別人的麻煩，降低效率，有時工作還會因此被退回重做**。

例如當你提交某份文件。如果寄送時沒用後續作業的人能接收的檔案格式，結果會被退回：「請變更格式再寄一次。」至於工作速度快、善於安排程序的人，他們在工作時會先想像後續作業，因此不會犯下這種錯誤。

委託別人的工作要先安排程序

進行工作時，要先從「委託別人的工作」著手。

無論自己的工作多早完成，要是太晚交付給後續作業的人，若不能在工作結束前如期交付，就趕不上規定的期限。因此，委託別人的工作要先進行，之後再著手自己的工作，就結果而言整體速度也會變快，也能對應突發狀況。

「可是A公司的鈴木先生還沒把資料寄來。」有些人會如此推託，但旁人看來只是藉口。若是早點委託，或許事情就不會如此演變。

由此看來，**儘早將工作交代給後續作業的人，做長時間的程序安排**正是最大的重點。這時別強人所難，在可完成的時限內交付工作吧。

在週五傍晚時告訴對方：「麻煩在週一上班時間提交。」這種做法等於叫後續作業的人：「週末也要工作喔。」

如此強迫後續作業的人，即使當下有所往來，也無法建立長期的信賴關係。即便是付錢的一方，也無法完全不顧慮他人。**經常顧及接手自己工作者的立場，思考步驟與期**

限，就是高效工作者的安排方式。

高效工作者的口頭禪是：「請告知預定時間。」

假如你的主管忙到抽不出時間，很有可能是你沒「先向他預定」。有些人總是在自己工作結束時才拜託主管：「請幫我看一下。」但不應如此，只要事先告知一聲：「後天會有一份資料完成，可以跟您預定確認的時間嗎？」主管便容易排出預定。

高效工作者，也會有很強的「與他人預約」的技能。不只自己，也要注意後續作業是否方便進行。

明確委託工作縮短時間

我在企業擔任行銷負責人時，經常委託廣告代理商製作廣告。

有一次，我的下屬看了代理商提出的廣告案，說道：「A公司根本不行啊。他們完全不了解我們的目標客群與訴求的要點。」

然而，這不只是A公司的責任，我方提供資訊時也有問題。由於目標客群與訴求要點並未傳達給後續作業的廣告代理商，所以若是成果品質低劣，那應該歸因於我方在委託時的表達令對方難以理解。

後續作業的進行與速度，與是否具體、明確地委託對方關係至深。假如後續作業緩慢，經常發生偏離預期的問題時，或許必須重新檢視自己進行工作的方式，而非一味怪罪對方。

時間陷阱題

交接後表示工作已經完成？

無視後續作業，只圖自己方便

不綜觀整體，只考慮自己方便工作，即使當下還算順利，但有時整體的工作效率會降低。

顧及後續作業，讓每一個環節都順暢

想像後續作業，可以讓工作提早結束。此時整體最佳化↓部分最佳化的觀點非常重要。

12

「自己摸索」可能是浪費時間

由於缺乏經驗，面對初次接觸的工作，通常會難以掌握整體情況，也難以安排進度。這時不要只靠自己的能力解決，應從周遭的人身上獲得資訊，思考方向再開始著手。

善用主管與前輩的「集體智慧」

古人說：「三個臭皮匠勝過一個諸葛亮。」一群人的經驗與見識稱為「集體智慧」。隨著集體智慧而生的，就是「共同創造」一詞。當面對初次接觸的工作時，**若能善用「集體智慧」，可以顯著提升工作的品質與速度**。

與其胡亂開始沒頭緒的新工作，不如縮小目標再開始研究、構思提案，才能獲得高度成果。

第一次接手會議記錄時，或第一次擔任會議司儀等公司內部事務時也是一樣。不要自己思考會議記錄的格式和主持的方法，藉由詢問主管、前輩與前任者的建議，將可大幅縮短時間。並且可以站在這些智慧上，思考應改善之處與展現獨創性的部分。

向熟悉過去做法的主管與前輩尋求建議，也是充分利用「集體智慧」的方法之一。

當然，如果在自己思考之前就要求「請告訴我答案」，這樣並不好。但因為重點不在於「作業」，所以應該把時間花在「創造價值的工作」。假如製作會議記錄的格式得花上好幾個小時，這時不如向前輩索取格式，從中思考為何是這種格式，進而想出更有效的記錄方法，把時間花在「價業」（會帶來價值的工作）會比較好。

沒有「集體智慧」就四處蒐集「一手資訊」

對公司本身而言，著手「初次接觸的工作」時也需要蒐集資訊。經營與行銷基本上應分析的資訊有三項：①顧客　②自家公司　③競爭對手。這些資訊不僅限於資料、媒體的二手資訊，最好自己走訪盡可能蒐集一手資訊。

我曾經負責Lucky Strike的涼菸，這是他們前所未有的新產品。當時我每天下班回家時都會去香菸專賣店，觀察Lucky Strike與競爭對手萬寶路的消費者有何差異。到了深夜，我還會直接去俱樂部或迪斯可舞廳，然後觀察抽Lucky Strike的顧客的特徵。結果，抽Lucky Strike的人通常是自行前來，對於穿著打扮很講究。抽萬寶路的人則是傾向於結伴，喜歡一大群人來俱樂部。如果沒有實際走訪，根本就不會知道這些差異，對於往後廣告策略的思考也大有助益。

當著手新工作時，應借助他人的力量儘早結束「作業」，把時間花在攸關工作成果的「價業」上。

時間陷阱題

你會怎麼處理「初次接觸」的新工作？

設法只靠自己的力量完成

對於初次接觸的工作弄不清方向時，盡量不要獨自思考，應借助有經驗者的力量。

吸收旁人的經驗，再開始著手

高效工作者會善用集體智慧。當然，一切都「等別人教」的態度不會讓你進步。巧妙取得資訊，絞盡腦汁投入「價業」創造新價值吧。

13

總是「提前」的簡單訣竅

進行工作時，期限關係到信用。

高效工作者非但不用催促，甚至會提前完成，加深合作夥伴信賴關係。其中祕訣究竟為何呢？

高效工作者能「提早完成」的理由

在商場上，期限是絕對的。無論品質再高，若趕不上期限，價值就等於零。

對我而言，本書是我的第八本著作，之前有好幾位編輯對我說：「理央先生您都會提早在期限前交稿，真是幫了我大忙。」

作者是著述內容的專家，卻不是做書的專家。作者當然每次都會全力以赴，但由做書專家的觀點提出指正與建議，則能提高整體的完成度。換言之，交稿後負責後續作業的編輯，如果保有充分的時間，最後就能做出對讀者有助益的內容。若是趕在期限前才交出原稿，很有可能無法從編輯那裡獲得適當的反饋。

不只書籍的執筆，這也能套用在其他工作上。

例如**當有人委託製作資料，最遲也要在指定日期前一天提交**。為了如期完成，自己心中的截止日期並非「指定日期」，而應該**設定成「指定日期的前幾天」**。至於某種程度需要一段作業時間的工作，有時不設定「9號」這種期限，而最好指定在「7號上午」提交。

就算知道遵守期限的重要性，但有時還是會來不及。這時應儘早聯絡商量。我十分明白難以啟齒的心理狀態，但若考量對方立場，與其截止當天無法交付，不如事先商量還更容易應變，可以先行研究替代方案，或提早商量變更日程。

假如趕不上期限，「拒絕」也很重要

當受人委託工作時也一樣。假如確認過預估時間，可能無法在期限前完成工作時，拒絕也十分重要。

「一旦拒絕客戶的工作，可能下次就沒機會了。」「主管或前輩的請託很難拒絕。」也許你有各種理由。尤其責任感強烈的人，即使被指派難以勝任的工作也會接受。

然而，**到了期限「還是無法完成」是最糟的事態**。結果會造成更大的麻煩，最嚴重的是失去信用。

面對這種兩難，大多數人通常容易陷入二選一的思考，決定是否承接工作。這時還有個選項是加上一條附帶的條件。「我能在15號之前完成，這個時間不行嗎？」事先確認是否有變更日期的餘地，或者「我在12號也可以完成，但需要多一個人協助」。試著商量也很有效。

時間陷阱題

這個還不急，先做其他事？

趕在期限前才加緊速度

不考慮後續作業的人，總是趕在期限前完成工作——這種方式如果碰到突發問題導致延誤，會增添很多麻煩。

在指定日期前幾天，就把工作交給後續作業的人

高效工作者從一開始就會保留預備（緩衝）時間以備突發狀況。讓日程清楚明瞭，確認進度沒有延誤也十分重要。

14

處理「突發狀況」要靠遠見

洞燭機先的能力是能幹的人共通的技能。高效工作者會預測發生的事態與該做的工作。因為他們知道如果做有效預測，就能迅速推動事物及早安排。只是妥當地完成眼前的工作，並無法提升工作速度。

從眼前的工作篩選出「該做的事」

比方說你和A公司預定商洽，就要**篩選出前後會發生的待辦事項**。

商洽前的準備有「調整提案預定的日程」「準備製作資料」「模擬商談的流程」等。

至於商談後返回公司該做的事則有「寄郵件道謝，傳達彼此的待辦事項」「向主管報告」「寫好報告郵件」「回顧商談內容」等。

挑出這些「該做的事」，寫進待辦清單和行程表。如此一來就不會慌慌張張，可以確實準備面對，將能幫助你迅速推動工作。

先設想ＮＯ，再研究解決方案

在此對於「模擬商談的流程」進一步詳細說明該如何洞燭機先。

例如當完成商談的資料，一般人會就此滿足。另一方面，高效工作者在製作簡報資料後，則會事先模擬所有問題。「當對方如此發問時該如何回答？」事先「洞燭機先」思考對策，才能順利簽約。

高效工作者會模擬情境，設想對方所有的ＮＯ。並且當對方回答ＮＯ時，已經準備好能回應與克服的Ｂ案和Ｃ案。若能對所有ＮＯ提出解決對策，就會提高商談的簽約率。

當然了，對方有對方的想法，所以商談有時會遭到拒絕。高效工作者即使被拒絕，也一定會詢問理由。只要先了解「為何說NO？」之後就能採取對策。

商談遭受拒絕後，如果回到公司只說一聲「他們拒絕了」，對於下次工作並沒有幫助。而同樣遭到拒絕，高效工作者能向主管傳達：「因為交期的問題而被拒絕了。」「因為預算問題被拒絕了。」下次商談時便能改善問題，或提出替代方案，反而有可能抓住機會。

也要設想80%的YES

在商場上未必總是YES與NO的二選一。提案時對方的回答經常是「80%贊同」或「50%贊同」。

例如100萬日圓商品的提案，對方可能會說：「雖然我們想訂購，但預算只有80萬圓。」或是「形狀與材質都不錯，可是顏色不好看。」

洞察這種情況，**事先思考能提出的解決方案吧**。若有替代方案，最終就可能使商談成立。

假如事先和主管商量備案，或許能降價或提供服務。反之，突然被要求降價時，主管可能會指示不用勉強對方。

只要洞燭機先，50％贊同與80％贊同將不會成為懸而未決的問題，而是會當場變成「完全贊同」。

面對突發狀況，回歸目的展開對應

很遺憾，無論多有遠見終究可能有突發狀況。如果發生的問題不曾模擬過，應回歸當初的目的重新思考。

例如正在盛夏的會議室裡洽商時，空調突然壞了。這時你會怎麼辦？打開窗戶、拿電扇過來、脫掉衣服……等等，這時可能會有許多意見，但這些都不是本質上的解決對策。

回歸當初的目的，就能對本質上的解決對策一目瞭然。

原本在這間會議室進行是因為「能在舒適的環境下進行商談」。既然如此，你就明白該怎麼做了。答案是「移到有空調的其他環境舒適的房間繼續開會」。

這在商業用語稱為「As-Is To-Be 分析」。所謂「To-Be」是原本的樣貌。這個方法是思考原本的樣貌（原本的目的）與現狀（＝As-Is）的落差應該如何填補。

這種情況下要思考「原本的樣貌」，也就是如何改變現狀才能「舒適地開會」。

當發生無法洞察的突發狀況時，別被各種方法擺布，不如聚焦在「原本的樣貌」。

時間陷阱題

你如何面對「突發狀況」？

滿足於「單一計畫」

總是只聚焦在眼前的工作，就無法準備後續作業所需的工作，也無法對應突發狀況。

預測「NO與問題」思考其他方案與對策

模擬往後的工作，就能抓住機會，適當地處理問題。

15

不「回顧」，永遠不會進步

高效工作者不會扔下工作，而且會保留回顧的時間。這些回顧對之後的工作速度與成果會造成極大差異。

回顧成功，創造重現

大家都很熟悉ＰＤＣＡ循環這一詞吧？

這指的是Ｐ＝計畫（Plan）、Ｄ＝實施（Do）、Ｃ＝驗證（Check）、Ａ＝改善（Action）。工作的回顧相當於Ｃ與Ａ。確認自己所做的工作，發現改善之處並採取下一個行動十分重要。

回顧的重點不見得只有失敗。日本人十分擅長反省缺失，但回顧成功也很重要。職棒知名總教練野村克也先生曾說過一句話：「勝之奇巧，敗之必然。」我對這句話的理解是：**愈是「勝之奇巧」，愈應仔細分析**。分析勝之奇巧，若能了解背後的理由，就能採取更好的對策以取得下次勝利，**提高重現性**。成功之後若不進行分析，而只滿足於「能贏真好！」的心情，若是一次性的比賽倒還好，倘若是中長期的競爭，氣勢就不會延續下去。

這個觀點對於商業人士非常具有參考價值。

工作所花的時間與日程，我認為沒有必要每天回顧。我建議從大單位慢慢分成小單位回顧。

首先回顧一年的計畫。在年底確認年度計畫是否適當，具體銷售目標是否達成。此外，在每個月底確認單月目標與日程是否適當。假如日程太趕，應查明原因，下次擬定單月計畫時須思考如何改善。

單月加班時間是一個不錯的指標，可用來了解「超出預定時間的工作」。簡單地說，

「加班時間＝工作過度的時間損耗」，必須思考損耗的原因。

比方說如果資料的修改指示太多，著手工作前可以向對方確認，思考具體的解決對策。

並且，每週六回顧當週並且為下週做準備。檢視自己的預定行程是否塞得太滿？是否有必須趕著下個行程的時間帶？是否有保留時間分配給「價業」？以上這些回顧都能提高下一週的成果。

回顧工作時要做「預實管理」，確認預算（預期）與實績的落差。**大多數人認為預實管理是「比預期更好即可」，不過「理想的預實管理，是預期完全符合實績」**。

比如說4月、5月、6月的實績持續超出預期，一般人因為持續達成目標，往往只會感到高興。然而高效工作者會一一回顧，查明持續超出目標值的主因，思考往後目標能否向上修正。

如自己預期推動事物的技能，重現成功的能力，經由回顧才能逐漸加強。

時間陷阱題

事情都做不完了，我該把花時間回顧嗎？

把完成的工作「扔下不管」

事實上，為了將工作成果發揮到極致，可以經由PDCA循環改善。利用當下的回顧，將經驗活用於下次的工作。

無論成敗都要分析，並於下次活用

不只失敗時要分析原因和思考改善對策，成功時也要剖析理由。藉由回顧能重現成功，並擴大成果。

16

別被「成就感」迷惑

被問題追著跑時，由於情緒高昂，會有一種微妙的成就感。然而，這只是「表面上的成就感」。在高效工作者眼中，或許根本沒必要碰上問題。

跟感冒一樣，工作也重於預防

我認為「問題」本身與「感冒」十分類似。

- A先生：經常感冒，每次都吃藥治療
- B先生：徹底執行洗手漱口，鍛鍊身體，不會感冒

A先生和B先生何者更健康，很明顯是B先生。

這個架構在處理問題時也能直接套用。經常碰上問題的A先生與不會碰上問題的B先生，何者工作效率較高可謂一目了然。

問題的發生對於工作速度會有極大影響，也會減損相關人員的信任，想要恢復信用，若不積極對應可是難如登天。不僅如此，突發問題往往也較為緊急。為了處理問題，經常無法顧及其他工作。

高效工作者之所以不會碰到問題，並非運氣好或深得要領，是因為**他們盡可能在較早階段事前對應，才能避免問題發生**。這項事實不容忽視。

先前介紹的「顧慮後續作業」、「洞燭機先」與「讓時間保有餘裕」都能幫助讀者迴避許多問題。

解決問題三步驟

話雖如此，問題總是會不期然地發生。發生問題時可以遵循三個步驟。最初的兩個步驟是對症療法，第三個是根本療法。

1.先掌握狀況，研究處理方法

首先正確掌握狀況才能解決問題。這時不只眼前的狀況，還要確認「是否還發生了同樣的問題？」

2.向相關人員說明處理方法與解決對策

掌握狀況之後，研究該如何對應。這時對於應報告的相關人員，請確實說明狀況與對策。相關人員也許會不信任，所以在說明處理方法的同時，不妨搶先傳達：「其他地方也確認過了，都沒有問題。」「如果發生這個問題，也有可能引發這種問題，屆時再請您與我聯絡。」若不積極處理等到問題接踵而來，受害範圍將會擴大。

3.採取對策防止再次發生

問題解決後，要思考如何才能避免相同的問題。為此請確實掌握根本的原因並積極對應。

「發生問題」也是提高自身工作能力的機會。不可疏於事前的預防，萬一發生時也要冷靜處理，並且採取對策防止再次發生。

時間陷阱題

遇到必須花時間處理的麻煩事……

✖

滿足於「暫時解決」的成就感

當你一時應付處理後，是否有自己很努力工作的錯覺？這時分析原因防止再次發生才是重點。

✔

在問題發生前搶先預防

高效工作者工作時會先行預測，避免問題發生。萬一發生問題時也不只是滅火，而是思考下次防範的方法。

17

「處理客訴」的方式能看出工作效率

「問題」與「客訴」形同質異，前者是方法不佳所產生的，而客訴則伴隨著「人」的情感，後者的重點在於顧慮對方心情，並搶先對應。高效工作者會設想對方如何思考，模擬他的心情設法解決。

考慮對方心情才是處理之道

提到客訴我想起一件事。

以前我待在網購公司，曾將免付費電話的號碼弄錯一個數字刊在報紙廣告上。於是廣告上的電話變成一家毫無關聯的Ａ公司。

A公司在大阪。從我們位於名古屋公司前往須耗費時間，因此我和主管商量，決定拜託自家公司委外的大阪公司的客服中心主管，請他代為登門致歉。

結果A公司負責人更加憤怒：「為何是客服中心的人來道歉？犯錯的是貴公司吧？」我們原以為盡快登門謝罪會比較好，才會請大阪的同仁前去，但這個判斷卻事與願違。

回想當時，有幾個需要反省之處。對於我方100%錯誤所引起的客訴，應該要做這三件事：①直接當面致歉　②除了客訴的事件以外，是否還有其他問題，當面報告使對方放心　③傳達今後的對策——但我們卻忽略了這些最基本的原則。

其實應該先打個電話：「我也會前去致歉，雖然想立刻趕去，不過還是先派客服中心主管拜訪貴公司。」「出錯的報紙廣告只刊出一天，之後都修正了。」「我們會立刻協議對策防止再次發生。」假如事先說明，對方心中的印象也不會因而減損。

處理客訴時，從對方的立場模擬心境是最重要的一點。

也向對方提出改善對策

當有客訴時，跟問題一樣必須從根本解決。

像先前的例子，可以檢討想出改善對策，例如確認電話號碼的人增加為三人之類，並向對方提出。

事實相關的認知若有誤會，例如對方表示：「我們認為貴公司的意圖就是如此。」那就聚焦在事實上說明，絕不可感情用事，重點是基於事實基礎進行溝通。

收到的客訴是寶貴財富。失敗或應改善之處，全體同仁取得共識非常重要。藉此就能防止第二、第三次的客訴。

時間陷阱題

客戶劈頭就罵、非常憤怒……

✖

以為找藉口或低頭道歉就沒事了

一開始就找藉口，對方也會變得情緒化。首先要致歉，之後再根據事實加以說明。

✔

先提出對策，再誠摯道歉

高效工作者知道在一件客訴背後，還潛藏著好幾件客訴。查明原因思考對策，再一一真誠地道歉吧。

高效專欄
column 2

善用時間的最大祕訣：與高手共事

能夠更有效率利用時間的最大祕訣，其實就是和高效工作者一起工作。

我在菲利普莫里斯認識了兩位傑出的女性前輩。一位負責「維珍妮涼菸」，另一位則是負責「菲利普莫里斯／超淡」的女性，她們兩人都製作出讓該系列香菸形象煥然一新的出色廣告。

「真是比不上這兩人啊。」我心裡總是這麼想，但我卻從未看過她們留下來加班。我經常看到她們商量：「今天要去哪裡喝一杯？」每天晚上準時離開公司。

工作能力強的人不僅工作速度快，也很重視私人時間，這是我從當時的兩位前輩身上學到的。她們對於時間的運用方式很敏感，我記得她們要求別人達到的工作水準也很高。對於不顧慮別人，以自我本位運用時間的人，她們會苦口婆心地提醒。

如今回想起來，能和她們一起共事，深深鍛鍊了我的時間管理技能，直到現在我依然很感謝能遇到這絕佳的機會。

第3章

聰明人的省時「郵件寫法」

18

「寄出」不代表完成工作

工作的要求是拿出「成果」。若以這點為前提思考，便會知道寫郵件並非工作目的，而不過是一種手段。如果收發郵件耗費過多時間，可別誤會這樣就算認真工作。

只在「空暇時間」處理郵件

若以「作業」和「價業」區分，郵件被歸類於「作業」。

業務員無論寄出多少郵件也不會提高營業額，人事部門寄了郵件也不可能做出培育優秀人才的計畫。

誤會寄出郵件就是認真工作的人，**首先要有自覺，郵件本身並未創造任何成果。**

處理郵件的方式因人而異，高效工作者的共通點是將郵件當成手段，並且盡可能有效率地處理。

高效工作者不會特地保留時間確認郵件，幾乎都是利用5分鐘、10分鐘的空暇時間。

有些人一收到郵件就會中斷自己的工作，這樣很沒效率，因為難得的集中力會被打斷，而只要中斷，冷卻的腦袋引擎就得重新暖機。可以的話，控制自己一天只打開幾次信件匣，在用於「慣業」的完整時間內多下點工夫，別讓專注力中斷。

在「24小時內」回信

像我早上在開始工作（慣業）前，會確認郵件讓大腦暖機。

我會大致瀏覽信件標題，只將「今天得回覆的郵件」留在收信匣，其餘的電子報與垃圾郵件則移動到其他資料夾。這時最好立即回信的郵件則會當場回信。因為，如果為了回信再打開郵件等於花了兩道工夫。然後在晚上之前我會把郵件軟體關閉。

一般而言，**商務郵件最好在24小時內回信**。

隔個兩天倒也還好，但如果三天都不回信的話，會被視為工作效率有問題。反過來說，平時如果一天確認3次郵件，還不至於太過失禮。

早上確認一次郵件，之後在下午的空暇時間也確認一次，傍晚下班前再做最後確認即可。

若是相當緊急的事項，對方可能會打電話過來，或者事先聯絡告知：「請務必在這一天頻繁地確認郵件。」所以沒必要一天多次確認郵件。對工作而言，絕對要避免犧牲創造最重要成果的時間，也就是「慣業」的時間。

因煩惱郵件的回覆內容，而在回信前花了好幾天，可就本末倒置了。**假如不知該如何下筆，而且煩惱時間超過10秒，就立刻向同事尋求建議**。請別人從客觀的角度確認，當下就能解決煩惱。

若不能立即回信，先告知已收到

打開郵件同時回信最有效率。但實際上，確認資料需要時間，如果碰見必須向人確認的內容，或是得稍微思考才能回答的案子，有時無法立即回信。

這種情況下，**高效工作者不會放著不管，他會回信告知已收到郵件**。此時不用長篇大論。「已收到您的郵件。我會在指定日期前回覆。暫且告知已收到一事，不好意思。」只須如此簡短回信即可。

郵件與直接見面或電話不同，是單方面的傳達方式。並不是「寄出就結束」，請記住收到回信才算相互的溝通。即使無法立即回覆，只要告知已收到郵件，就對方而言就是能確認「已經看過」的定心丸。

別凡事都依賴郵件

若是複雜的事情，與其長篇郵件魚雁往返，不如打電話，更能在短時間內得到結論。不過，有些人認為打電話是打擾行為，因此詢問對方方便接聽的時間，在「預定打電話的時間」接觸會更得體。

另外，**道歉時只寫郵件，過於失禮**。請記住，即使急忙寫郵件致歉，直接拜訪或打電話才是禮貌。

這幾年像LINE或臉書等郵件以外的交流工具也逐漸增加。然而，透過社群網站的訊息功能發送工作的重要訊息，得好好深思。

有些公司的文書設有密碼，在社群網站上根本無法開啟；有些公司也禁止上班時間連接社群網站。除了特殊場合，**原則上公事的往來還是要用公司的電子信箱發送**。

時間陷阱題

寫郵件應該佔工作時間的多少？

以為花時間寫郵件就等於工作

一天確認好幾次不會創造銷售額與成果的郵件，反而耗費不必要的時間，那可不行。盡量利用空暇時間迅速回覆。

郵件只是手段，必須有效率地處理

高效工作者會訂好一天確認郵件的次數，並有效率地回覆郵件。對於無法立即答覆的郵件，也會告知已收到與回覆時間。

19

好的「主旨」帶你上天堂

高效工作者所寄的郵件，一定是光看信件標題就能知道內容。寫郵件也顧慮到讓對方方便工作，如此一來便能迅速地推動工作。多考量收到郵件的對象，思考如何使後續作業的人方便，就能寫出簡單明瞭的郵件。

最好是不用打開郵件便能了解內容

有些人發送郵件時，所寫的主旨是「我是〇〇公司的△△」，這完全對收信者沒有幫助。因為對方必須打開郵件才能知道內容。而且，就算不在主旨特地寫出自己的名字，寄件人也會明確顯示，「我是〇〇公司的△△」這種主旨並未傳達任何資訊。此外**「好**

久不見」或「多謝關照」等問候的主旨也別再寫了。這種主旨看了也不曉得內容是什麼，就對方而言，一點都不貼心。

反之，如果把主要事件寫入郵件主旨，不打開郵件就能判斷應該立刻開啟，或是稍後再看也行。不會讓對方白費時間，也能節省時間。

例如「關於會議日程的變更」，只要寫出具體的事項，就能明白須立即確認郵件，若是寫出「感謝昨晚的派對」，對方就會知道不用急著回信。就像這樣，**不要只寫名字或問候語，下標題要讓人了解有何貴幹**。

假如希望署名時，主旨可以是：「關於會議日程的變更（理央）」、「感謝昨晚的聚餐（理央）」等，寫出「事項（名字）」即可。

主旨不寫「緊急」或「重要」

有些人希望對方趕快看郵件，會在主旨寫上「緊急」或「重要」等標記。也許他們以為這樣能傳達內容的急迫性與重要性，才會這麼寫吧？然而，寄給下屬、上情下達的指示郵件倒還好，但我不建議對外郵件的主旨裡出現「緊急」或「重要」。**或許對自己是情況急迫的重要事項，但就對方而言未必如此**。請避免這一種單方面圖自己方便的郵件。

話題改變也要變更主旨

有時候會與同一位工作對象交涉多項內容。這種情況下，當事情與話題改變時，最好也更改主旨。

若考量讓後續作業的人方便工作就會明白。人們常會想「那件事後來是如何交涉的？」，而在之後搜尋郵件。這時若寫成方便搜尋的主旨，就能減少對方所花的時間。

從一個郵件主旨，就能明白是否顧慮到使對方方便工作。請各位在標題下工夫，使你的夥伴們一眼就能了解內容。

時間陷阱題

如何利用主旨進行有效的傳達？

用「我是理央」等內容不明的主旨

如果主旨寫著自己的名字與問候語，不打開郵件就不曉得有何要事，只會徒增對方的麻煩。

寫成「請求商洽」等，使人一目了然

「高效工作者」寫一個郵件標題，就能減少後續作業的時間。當內容變更時，也要改成新主旨再寄郵件。

20

寫一封好懂的郵件

高效工作者寫郵件時，向對方要求的行動很明確。他會在本文會清楚寫著收件者「何時」要「做什麼」，不僅讓對方容易回覆，對方也容易採取行動。

郵件要先寫結論

不只郵件主旨，關於本文也要盡量直截了當，內容務必簡單明瞭。**簡單易懂的訣竅是「先寫結論」**。

或許有些人以為郵件是信件的延伸，一開始是季節性問候，接著詢問近況，再細細寫下寄郵件的理由，直到最後才寫出請求對方的事。若是書信往返倒是無妨，但商場上分秒必爭，在收件人之後立刻切入正題並不算失禮的行為。原則上一開始就寫結論，之後才詳細說明。

日本人與歐美人士相比，經常談話時最後才說結論，但商場上「結論（conclusion）第一」乃是鐵則。因為時間是重要的經營資源，**最好一開始先指出整體方向再做說明**。「此次聯絡是想和您進行商洽。」「由於想委託新案件，因而聯絡您。」只要這麼寫，對方便容易立即掌握郵件內容。

明確指出「想要對方了解」或是「想要對方行動」

廣告用語有「認知效果」和「情感訴求」這兩個專有名詞，用於表示廣告的目的。所謂「認知效果」的意思是讓人了解、理解。例如，通知「新商品推出了」的廣告是「認知效果」廣告。另一方面，所謂「情感訴求」是促使對方行動的意思。「新商品推出了。請到〇〇店購買。」促使行動就是「情感訴求」廣告。

郵件也一樣，清楚表明是「使人了解」的郵件，或是「促使對方行動」的郵件十分重要。

例如致謝的郵件或業務報告的郵件等，單純只是讓對方「了解內容」時，不妨加一句：「想必您十分忙碌，您可以不用回信。」

載明希望對方「何時」要「做什麼」

需要對方採取行動時，注意郵件要明確指出希望對方「何時」要「做什麼」。

郵件若是沒辦法如實傳達主旨，收件者會覺得：「結果到底是要我做什麼？」反而讓收件者耗費多餘時間。寫郵件時應**明確寫出具體上希望的行動與日期**。

「可以在△月△日前答覆嗎？」寄郵件時要讓對方立即明白何時該做什麼。

或許有人認為：「催促上級或客戶的行動，還設下截止期限，這種郵件實在是太失禮了。」不過，如果對方看過你寄出的郵件，卻不知「何時」要「做什麼」，這才是真正浪費時間，所以根本沒必要有所顧忌。

寧可多花一道功夫確認

郵件與電話不同，是自己向對方單向通行的工具，收到回信才算溝通成立。「我已經發送郵件了。」還不能就此放心，必須記住，**最糟的情況是對方可能並未閱讀郵件**。

當然對方遲遲未回信時，就得詢問確認。畢竟人也會看過郵件就忘得一乾二淨，也有可能被分類到垃圾信件匣，對方根本從未打開郵件。

「沒收到回信耶。」當你感到納悶時，卻又心想：「可是我已經寄出了，應該沒問題吧？」「不回信是對方的責任。」這種想法十分危險。

如果這時省略「詢問確認」這一步驟，有可能造成「商品趕不上交期」的重大疏失。尤其愈是緊急時，愈是必須徹底確認。

「為求慎重，請您收到郵件後告知我一聲。」加上這一**句請求確認的話**也很有效。

或許不同案子會有所差異，如果未收到答覆，在期限前幾天最好聯絡一下。若是時間緊迫，也可以不寄郵件，改成打電話確認也是很好的方式。此外，收到「副本郵件」

對方可解釋成「看過就好」，前提是這樣當然可行，但如果是要催促對方行動或務必讓對方知道時，就直接將對方改成「收件者」，清楚寫明收件對象吧。

時間陷阱題

怎麼寫出高效率、不被錯過的郵件？

內容含糊，寄出之後便心滿意足

以為「寄出郵件」等同於「已經傳達」是很危險的心態。應意識到郵件是單方面的工具，按照需要加以確認吧。

主旨、內容明確，並確認對方已收到

高效工作者會明確地要求對方「何時」要「做什麼」。不須對方回覆時就寫明不用回覆，需要對方回信卻未收到時，在耽誤前一定會確認。

21

「請確認附件」還不夠

高效工作者在寄送附加檔案時會多一道工夫。有些人發送郵件時只會寫：「請確認附件」，然而將附件內容清楚扼要地寫在信上會更好。

寫出附件的要點才體貼

只寫了「請確認附件」就寄送的郵件，因為內容不清不楚，使對方得採取多餘的行動，造成時間的浪費。

當希望對方確認附加檔案時，應寫明希望對方確認的重點。若是多次互傳的資料，告知何處加以修正，對方也比較知道該怎麼做，容易採取行動。

如果收件人正巧無法立刻下載附加檔案，看見信上整理了附件內容的要點，也會大致有個頭緒，知道是收到什麼檔案、該怎麼做。用信上的摘要協助對方判斷是否為必須及早下載的檔案，也能防止浪費時間。

在這一點上多加思考，盡量減少後續作業的行動，如此就能提升效率。

寄送大檔案時先向對方確認

寄送附加檔案時的鐵則，是考量對方的通訊環境。

像Gmail收發10ＭＢ大小的附加檔案不成問題，很容易不自覺地寄送檔案很大的郵件。但有些公司的伺服器可能會擋下這些過大的郵件。如果必須寄送重要的附加檔案，應事先確認對方公司的通訊環境。

我近年寄送重要的附加檔案或圖片時，有時會利用firestorage或GigaFile便等線上儲存服務（暫時將檔案保存在雲端傳送的方式）。然而，業界重視安全性的公司，對於機密檔案的政策，有時會禁止使用這種外部雲端系統。重點還是使用前要向對方確認。或許這個做法有點傳統，但也可以考慮依照檔案內容，郵寄ＤＶＤ等儲存媒介。

至於檔案格式，有時對方的電腦環境會無法開啟。就算在自己的電腦閱覽時沒問題，在對方的電腦未必能看到同樣的檔案。因此，事先確認才能使工作加速進行。

檔案無法開啟倒是還好，有時版本不同，字型與格式會出現不同的顯示結果。像是設計案這類必須來回修改、確認細節的案子，電腦版本不同會使呈現樣貌改變，更可能引發日後的問題，因此必須注意。

時間陷阱題

必須寄送附件給對方時……

只寫上「請確認附件」

不可寄送須下載才能知道內容的附加檔案。詢問對方的通訊環境，思考最沒壓力的接收方法吧。

「請確認附件」＋寄送「摘要」

即使是對方無法立即下載附件的環境，也要想辦法讓對方了解內容。在本文寫下附件的摘要，就能節省對方的時間。

22

巧妙使用「複製、貼上」

想縮短寫郵件的時間，固定格式非常好用。與其每次都從頭開始寫相同文章，不如使用固定格式更能提升效率。

不過須注意一點，標準化的格式與複製、貼上並不相同。注意別因為複製、貼上的郵件而失去信用。

複製、貼上的失誤會大大減損信用

有時我們會收到「顯然是複製貼上，寄送給許多人」的郵件。說來也很不可思議，收件者會敏銳察覺信件內容並非寫給自己。

比方說，聯誼會的邀請函上「期待與○○先生相見」的「○○先生」寫成別人的名字，這是最糟糕的例子。看到這種郵件，收件者心情會瞬間降到冰點，也會摧毀信任感。累積信賴關係需要時間，但是摧毀只需一瞬間。不只企業，個人品牌、時間的成果，都是小小努力的累積。**只想著要如何縮短時間，卻忘記失去信用就一無所有。**

多花「一道工夫」縮短時間

郵件可以標準化的部分，只有內容絕對不變的部分。像收件人，對象不同就必須改寫的部分絕不能標準化。

例如前面聯誼會的例子，聚會名稱、日期、舉行時間、會場與費用等都是共通的，這是可以標準化、寄送相同內容的部分。

相對地，希望對方參加聚會的**表達心意的部分不能複製貼上，最好每一次下筆時都想著對方的臉**。

我每年都會在名古屋舉辦大規模的商業講座，值得慶幸的是，在舉辦期的兩個月前就會額滿。我同樣也不是利用複製貼上的郵件，而是配合每個人寄送通知，我對這一點相當自豪。

例如加上一句：「真是好久不見，之前您提起的那件事還順利嗎？」「您在去年的商業講座提供了『想聽到某內容』的感想，今年的演講正是這個主題。」我會對每一個人發送客製化的內容。

當然，這麼做相當耗時，但特地寫幾行給對方的文句，他們給你反應就會全然不同。等到活動日期逼近，聽眾不足才四處奔走——結果相比之下，一開始別用複製貼上，加上幾句話再發送郵件，更能縮短時間。

以更長遠的眼光來看，若建立起這種信賴關係，往後的工作肯定能順利進行。

切記，請不要吝嗇該付出的時間而複製貼上，因為花點時間為對方著想的文字，能向對方傳達心意，通常會讓工作都能進行順暢。別只注重眼前的效率，也要特意重視看似沒效率的部分。

時間陷阱題

複製、貼上時應注意哪些事？

為了省事，全都使用「複製、貼上」

只改寫了收件人名字，而其他內容都一樣一定會出錯。不僅如此，複製、貼上毫無誠意可言，這點也會傳達給對方。

活用「標準化」多花「一道工夫」

不因對象而改變的內容可以標準化。不過除此之外的部分，可按照發送對象不同而進行客製，是建立信賴關係的重要方法。

23

週末、半夜時寄信要特別小心

你會顧慮到發送郵件的時段嗎？假如你不會考量對方的狀況，都是在自己方便時寄送，不妨藉由本節思考一下發送的時機。

正是在智慧型手機時代，才要在意發送時機

進入公司才能確認郵件的時代，或許還能說：「對方方便時才會確認郵件。」「不會打擾到對方時間。」所以不用太花心思在發送郵件的時機上。

但如今這個時代，許多人身旁24小時都有智慧型手機待命，用手機確認工作郵件的人也不少。在下班後的私人時間，若看見手機畫面顯示「已收到郵件」，或者在睡覺時

發出通知音效——光想到這裡，就不得不顧慮發送郵件的時機。

雖然每一個行業風氣不同，但尤其是**對方可能已經離開公司的週末與半夜，最好別發郵件**。當對方正在家人團聚時，收到工作郵件也有可能破壞對寄件人的印象。

假如無論如何也得寄送，**不妨加一句貼心的話：「抱歉週末還寄信給您。」「深夜時分打擾了。」**

站在對方立場思考發送時機

這並不是「週末、半夜絕對不能寄郵件」的教條。最重要的是，站在對方的立場思考。假如對方希望你儘早回信，寄送時就別在意時機，等到週一進公司才寄信或許才會有風險。

當然也有些人絲毫不在意幾點收到郵件。要時時意識到：自己的判斷在他人眼中是否有違常理。

週五下午3點過後別發郵件

以前我有個同事在週五下班前寄郵件給前輩，結果被痛罵一頓。他被警告：「週五下午3點過後才發郵件委託工作，你這種方式會被質疑自我管理能力，以後別這麼做！」

但也不該就此斷言週五傍晚不能發郵件，重點在於猜想對方的理解方式。尤其**發送催促的郵件時，必須特別注意時機**。

也許自己在週五夜晚交代完最後的工作，可以心情愉快地下班，但就對方而言，卻是不回覆就不能回家的狀態。

這個時候只需要加一句：「下週三前回覆即可。」別讓對方陷入得加班，或週末上班的情況。

經常意識到體貼收件者（後續作業的人），就能避免大部分的問題。

時間陷阱題

發送郵件的時機重要嗎？

✖ 在半夜、週末等自己方便的時間發信

不要只圖自己方便發郵件。現在是智慧型手機的時代，發郵件時也得考慮到對方可能會即時收到郵件。

✔ 站在對方立場，思考後再發信

可以發郵件的時間並沒有一定的標準。注意時機與內容，別讓對方不愉快才是最重要的事。

24

別寄信給「負責人」

有時我們必須寄郵件給素未謀面的人。我方如果想拜託沒有熟人的公司，或者想請媒體刊登新聞稿時，就得寄信給陌生的對象。這時，寄出一封讓對方負責人閱讀的郵件，將是展現成果的分叉點。

想要提高使對方閱讀、且惦記在心的可能性，「發郵件前」的準備十分重要。

沒有人的名字叫做「負責人」

比如說，想請熱門雜誌或網路媒體報導自家公司的新聞時，發郵件時只寫了「公關報導負責人」的話，由於他們一天會收到幾十封新聞稿，所以願意報導的機率幾乎等於零。不僅如此，對方可能根本不會看。

像這種情況，在郵件內容與主旨下工夫之前，更應該做一件事。就是調查負責人，並且直接寄給那個人。

人都會仔細閱讀寄給自己的郵件，若**收件者是「各位」或「負責人」的郵件，就不會覺得是「寄給自己的郵件」**。這麼想的瞬間，自然也不會想認真看內容。有些情況下甚至會覺得這封信根本不用打開來看。話說，世上根本沒有人叫做「各位」或「負責人」。

某間出版社的編輯告訴我，編輯部每天都會收到新聞稿郵件。然後我請教他「忽略」這些新聞稿的順序，結果大致如下：

①給「□□編輯部」的郵件

②給「□□編輯部公關負責人」的郵件

③給「□□編輯部公關負責人○○先生」的郵件

（事先打過電話，詢問負責人的名字為「○○先生」後再填寫）

由於第一次發信的對象並不認識你，為了發一封能稍微打動對方的郵件，可不能忽略站在對方的立場思考。先打電話詢問負責人的姓名與電子信箱再寄郵件，寄到對方手上的機率大幅提高。此外也要思考內容，注意在主旨寫上來意，下筆時先寫結論。

時間陷阱題

發信給素未謀面的人有何訣竅？

寄給「負責人」

要從對方的立場思考，寄給自己的郵件與寄給公司的郵件，何者會優先閱讀？只寫「負責人」，素未謀面的人不會想看看吧？

打電話確認後，寄給「〇〇負責人田中先生」

若指定出負責人，就能寄郵件給對方。雖然乍看之下很花時間，但能提高對方閱讀郵件的可能性，就結果而言也容易得到成效。

25

「難以啟齒」就該打電話

碰到必須道歉的狀況，或必須說出難以開口的事情時，你是否會不自覺想避免見面或打電話，轉而用寫郵件解決呢？我再重複一次，郵件是單向通行的溝通手段。如果是道歉或難以啟齒的事，必須要看著對方的臉，或是藉由能聽到對方反應的電話傳達才是商業原則。

「難以啟齒的事」可以寫郵件嗎？

在歐美影集或電影中經常看到一個場景，下屬衝進老闆的辦公室報告：「有好消息和壞消息，您想先聽哪一個？」老闆的回答有各種可能，不過**在商場上「先報告壞消息」**

是不變的鐵則。愈糟的消息愈須立即採取對策，置之不理的不良影響會更大。

必須致歉或難以啟齒的事，置之不理的不良影響也很大，因此得迅速對應。

郵件的速度深具魅力。因為看不見對方的臉，也不會當面被斥責，所以面對難以啟齒的事，容易不自覺想透過郵件傳達。

然而無論如何費盡唇舌，郵件終究是單方面溝通。這和傳達時看著對方的臉，聽著對方聲音的語氣，溝通的密度截然不同。為了減少誤會（反而更加激怒對方）的危險性，重要的事最好直接當面談或打電話。別因為害怕對方生氣，就只想寫郵件了事。

假如得先寄郵件道歉，也要在信中附帶之後將見面或打電話的說明。

有時「面對面」能找到解決對策

事情發生在我擔任某項企畫製作人的時候。為了順利溝通，我創設了臉書社團，成員的關係似乎很糟，在線上全盤否定別人的提案，或甚至做出人身攻擊。

不過，當全體集合開會時，臉書社團裡可見的攻擊性言詞都不見蹤影。當然大家還是會說出自己的意見，但不會情緒化或人身攻擊，能夠有建設性且活躍地討論。

之前我從未想過：「只依賴網路、郵件等單方面的溝通是不行的。」

單方面的**郵件具有不知對方會如何解讀的危險**。正因如此，道歉或難以啟齒的事，最好是當面講或打電話說明，才能得知對方的反應。這個部分或許比郵件更花時間，但這是建立信賴關係的必要投資。

時間陷阱題

有些事該用郵件處理嗎？

✖

難以啟齒的事也用郵件

愈糟的消息要愈早報告。自己單方面發出的郵件可能使對方產生誤解。不要靠郵件解決，打電話或安排直接見面吧。

✔

打電話、面對面處理道歉或複雜的事情

即使先用郵件通知，也要在其中傳達會再打電話或當面說明的意旨。處理時，要選擇能即時收到對方反應的溝通方式，報告時別讓對方誤解。用於磋商的場合也很有效。

高效專欄
column 3

參考給大人物看的「執行摘要」

想簡單明瞭地寫下郵件的要點時，可以參考執行摘要的寫法。

所謂執行摘要，是指將多達幾十張的事業計畫書的要點，精簡整理成一張A4的文書，提供給擁有執行權的人。

一般而言，職位愈高的人工作也愈繁忙。為這樣的人製作執行摘要時，重點在於「不用看過所有資料也能理解內容」。

擁有執行權的人看了摘要後，會判斷是否有必要看詳細的資料。如創投業者，光看執行摘要就能決定是否要投資。

因此，製作時不用多餘修飾，而是必須正確掌握要點。一開始先講結論，切勿長篇大論，下點工夫用條列式書寫更是簡單明瞭。

嚴格說起來，郵件是請對方在百忙之中抽空閱讀的東西。想在短時間內簡單明瞭地傳達要點，就得參考執行摘要的寫法。

第4章

這樣「開會、商談」提高生產力

26

參加會議要有「目標意識」

「我們公司常常有會要開。既冗長又沒什麼用。」

「上班幾乎有一半時間都在開會。」

不論企業規模大小，我們時常能聽見這種話。但發牢騷是沒有用的。其實如果能有效利用，會議或商談會是一件好事。而最大的重點在於，參加會議者要有明確的「目標意識」。確實掌握會議當天的目標，設定快速、有效率的方法來獲得工作成果。

必須意識到成本和利益

會議本身不會直接產生業績。不僅如此，還會花費出席的成本（人事費）。

一旦考量到成本，長時間進行毫無意義的會議，便是浪費時間和成本這兩樣寶貴的資源。**高效工作者總是意識到，開會所耗費的成本是否與創造的利益取得平衡**。

所謂利益，其實就是成果。會議可能對後續工作帶來成果，才有投注時間的價值。比如會計會議的最終成果是「從現在起半年內刪減1千萬日圓經費」，而會議目標就是「決定該做何事來達成這個目標」。

假如覺得無法有效利用會議時間，不如試著思考最初的開會目標為何。對照「拿出工作成果」的最終目標，自然能決定在會議中必須決定的事項。

理解目標、貢獻成果

假如你不是站在召開會議的立場，而只是參加的一方，也不能不知道參加會議的理由。理解目標與實際出席都是非常重要的事。若不能理解目標，就無法提出對會議成果有貢獻的發言。

在大多數場合，**會議目標是「做決定」**。**因此要時常意識到「為了做決定，自己該**

做什麼？」

或許有些人覺得：「我的職位最低。」「我只是個待沒幾年的菜鳥。」所以猶豫自己該不該發言。但如果不發言，就無法對會議貢獻成果。這跟年齡或職位完全無關，表達自己的意見才是「為了會議成果」。為了變成能對會議貢獻成果的人才，請確實理解每一次會議的目標。

最好的基準點：優秀的主管或前輩

除了會議的目標，也建議事先設定自己的目標。

例如，觀察參加會議的優秀主管或前輩的言行，**觀察他們哪裡和自己不一樣，然後設定基準點**。「他的提案一定會通過」「他的發言總是被認可」，這樣的人必定掌握了關鍵。他們或許發言有條理、事前準備周到，或是發言本身有新意……。

找出關鍵差異的要點，在於定點觀測。持續觀察設定為目標的前輩，就能察覺與自己平時不同的行動或細微變化。

觀察優秀的前輩，理解通過提案的人是如何說明，就能具體了解關鍵要點。並且，自己要不斷模仿這些要點，在說明的時候活用這些技巧，就能磨練貢獻的技能。

思考「為何這樣不行？怎樣做才好？」

有些人找不到開會的意義，所以攜帶筆電在會議中做自己的工作——在此提醒，最好別再這樣「心不在焉」了。

假如你認為這個會議是浪費時間，就該分析究竟是否有開會的必要，然後提起勇氣告訴主管「這個會議是浪費時間的理由，又應該如何改善」，這才是為公司著想的積極做法。

例如，如果你認為在類似會議上重複進行某些部份很浪費時間，就把各個會議重複的部分寫下，並試著提出來。若能將這些資訊條理分明整合，並提出縮短或合併會議時間的提案，就等於提出削減公司成本的「價業」。比起心不在焉做自己的事，這樣對公司更有貢獻。

特別是**例行會議，一年中最好有幾次檢視其必要性的機會**。

如業績報告會議等，是否只發表數字就結束了？假如會議本身即目標，那就必須特別注意了。

如同剛才所說，會議目標是「做決定」，如果僅僅只是「傳達」，就沒有開會的必要。這是寄郵件告知「請過目」就能完成的事。定期確認是否有「無用的會議」也很重要。

不只會議，商洽也一樣。

雖然有人凡事都「希望見面詳談」、「請撥出時間」，但一般來說，職位愈高的人就愈忙碌。大型公司的幹部層級都有自己的祕書，並以10分鐘為單位管理預約。

假如你想和這種人進行商談，就要想辦法讓這段時間能獲得與成本相稱的利益。

時間陷阱題

如何讓開會有意義？

✕ 不抱任何目的，不知為何參加會議

參加會議如果沒意識到所為何來，就不會有貢獻成果的發言。即使是沒什麼發言機會的會議，也不能做其他事情。不妨觀察前輩工作的模樣，有效利用時間。

✓ 目的明確，注意利益

要注意每一次開會都須花費成本，思考這段時間要拿出與成本相稱的成果。

27 調整日程一次解決

高效工作者不會花時間調整會議或商談的日程。沒必要多次郵件往返，他會先提出候補時間做為對方的備案。這是先想像「後續作業」，考量「不占用對方時間」的結果，同時也能縮短自己的時間。

就算對方是經營者，也由自己提出選項

藉由郵件調整商洽日程時，通常會詢問：「佐藤先生，請問您何時方便呢？」如果這樣問，就表示你對於後續作業的想像力不足。

決定與客戶商洽的日程時，**可能你會覺得：「不先詢問對方行程，是相當失禮的行**

為。」但增添對方的麻煩，反倒更為失禮。由自己提出日程的選項，較能縮短決定日程的交涉時間。這樣看來，即使對方是經營者，也由自己提出也比較好。愈是忙碌的人，愈會因此感到高興。

當你詢問：「請問何時方便呢？」對方先看過整個行程表，然後給你答覆：「這天和那天有時間。」可是，明明對方答覆了方便的日子，如果你又說：「那天我要出差，再找其他時間……」「那這一天呢？」「那天也不行……」就會變成多次信件往返，結果浪費許多時間。

相較之下，由自己提出候補時間作為提案，較不會耗費對方時間。如果對方在那個候補時間無法配合，可能會自己說：「〇月〇日〇點可以嗎？」而提出其他日程，我方只要再提出候補時間便可。重點在於，減少占用對方的時間。

高效工作者會自己先提出日程的選項，並作為原案來調整行程。

「6月1號下午1～5點，和6月4號下午2～6點。16號整天有空。」如果提出三個候補時間，對方只須確認這三個時間即可，可以縮短時間。假如在那些候補中有空出時間，就能決定日程，信件的往返也能一次解決。

當對方先提出候補時間時，不要回覆：「佐藤先生您方便就好。」應該當下決定日期並答覆：「那麼10號我會過去拜訪。」這樣較能減少一問一答的時間。

調整日程的郵件盡量一次解決，所以**就連的商談所需時間、地點也一起提出吧**。

「12日下午2點過後方便嗎？」像這種郵件既沒寫出結束時間（所需時間），也沒寫出地點，所以對方無法判斷下一個行程要從幾點開始安排，也不知地點在何處。

如果說出：「請空出12日下午2點到3點的時間。我會到貴公司拜訪。」對方便容易安排前後的行程。調整日程的郵件像這樣寫明開始時間與結束時間，以及地點是很重要的事。

時間陷阱題

如何最速安排會議日程？

「何時方便呢？」先問對方方便的時間

一旦詢問時間方不方便，對方就得確認自己所有的行程。這等於占用了對方的時間。

先提出幾個自己方便的候補時間

調整行程要先由自己提出候補時間。這麼一來，對方只須確認這些日程即可，就不會耗費無謂的時間。

28

開會前先公布議題

會議能否有成果，與是否確實準備有關。高效工作者不會疏忽「會議前」的準備。準備時，事先傳達開會的「目標、議題（議程）」尤其重要。等到開會就座後，才傳達會議的宗旨：「今天之所以召集大家……」，這樣並不能迅速地進行會議。

會議前先發送議程

「勝利女神只對做好準備的人微笑。」

這是我在傑森・史塔森主演的電影《玩命快遞》中最喜歡的一句台詞。這句經典的話，描述了事前準備好的伏筆，最後在高潮場面一舉成功。

行銷是我的專業，為了在市場上獲得成果（勝利），確實準備當然很重要，因此我有深切的同感。

會議也是相同的。高效工作者事前會把議程和資料寄給出席者。因為議程只需幾行就能寫完，所以這封郵件短短幾分鐘便可完成。

「這是17日會議的議題和資料，煩請確認。」只要把達成目標的議程條列式寫下，再發送郵件即可。

很簡單，只要寄出這封郵件，參與會議者便會在開會前思考議程，當天就能快速進行。

商業人士必須抱持著強烈成本意識，假如不能在會議開始前就知道「今日會議決定的事項」，而缺少事前準備，就得等到開會時才思考，這種狀況下做出的論點不僅淺薄，要達到有益的結論也很花時間。

自己做事前準備是理所當然，但也得設法讓其他人事先準備。這是高效工作者必定會做的事。

1小時的會議要在45分鐘內結束

基本上會議都設定在1小時內結束。事前若有確實準備，商談大多會在1小時內結束。然後更進一步，盡可能使1小時的商談在45分鐘內結束。因為時間無論對誰而言都是寶貴的資源，儘早結束當然最好不過。

此外，**若以45分鐘為目標從容開會，即使後來衍生追加議題，出狀況時也仍有時間對應**。反之，草草結束或延長時間的會議，也會對出席者接下來的排成造成影響。會議應該在結束時刻完全散會，所有參加者都離開會議室。

我前些日子在某間大學商洽時，得知現場有同一所高中畢業的校友，於是在商談結束後，我們熱情地敘舊了三十分鐘。這也是因為上一個會議從容結束，才能不用擔心下個行程，盡情地談話。

正如前面所說，開會前一定要共享議題和資料。這麼一來，就能快速提高生產性。

時間陷阱題

如何提升會議的討論品質，節省時間？

人都到齊了才說明會議內容

到了現場才傳達會議或商談的內容，會降低討論的品質。應事先傳達讓參加者準備。

「事先」告知會議內容與目標

條列式書寫數行即可，事先把議題用郵件發出十分重要。高效工作者的特徵是不僅能掌控自己，也會讓出席者做好準備。

29

提早進會議室有什麼好處？

如同公司的上班時間，會議一定會有人遲到幾分鐘。但實際上，會議的「開始時間」並不等於「集合時間」，而是等於「準時開始的時間」。

提早10分鐘抵達公司，提早5分鐘進入會議室

10點的會議或商談，你可能以為10點抵達就行了。其實指定的時間是「會議開始的時間」。如果要到客戶的公司開會，應該在10分鐘前到達接待室，並在5分鐘前進入會議室。

面對10人的會議，如果遲到了10分鐘，以每1人10分鐘來算，變成總計占用100分鐘。

時間就是成本。應該把遲到視為「使對方造成損失」，因此行動時務必時間充裕。

當確定自己會遲到時，一定要聯絡對方。事先打一通聯絡電話：「我會遲到5分鐘。」僅僅是這一通電話，不僅會造成全然不同的印象，對方也能做判斷：「那我們先開會吧。」此外，也有人請對方前來自家公司，卻滿不在乎地讓對方等待5分鐘、10分鐘，這也是遲到的一種。雖然當事人可能未察覺，但這是非常失禮的行為，應該盡快進入會議室才對。

臨時取消、改期會帶來不信任

遲到自不用說，而**已經決定好的日期「臨時取消」或「改期」（變更行程），同樣是既失禮又喪失信用的行為**。任意改期的人，做事情也有反覆變更行程的傾向。當事人或許沒意識到自己給人造成麻煩，但被臨時取消或改期的人卻會記得很清楚。如果反覆多次，會帶來不信任感。**即使對方口頭上說：「想必您十分忙碌，請別介意。」但這種客套話可不能照單全收**。

日後在調整過的日子見面時要好好道歉：「那時因為我的緣故，不得不變更預定日程，真是十二萬分的抱歉。」

在會議前幾天提醒對方日程

無論是多麼可靠的人終究是一般人，有時也可能忘記商談日或記錯時間。為了盡量減少這種風險，在發送前述的會議議程時，於信中順便提醒才是聰明作法。

我也曾因為收到提醒郵件而逃過一劫。

某位經營者委託我：「希望您能以行銷為主題來演講。」日程也已順利決定，準備好的精簡版投影片也在兩天前再次確認，我認為準備萬全就去睡了。但不知哪裡搞錯了，我實際上準備的是「時間管理」的主題。然而，我在演講前一天早上，收到對方寄來的提醒郵件，重新確認演說流程後，我忽然察覺隔天的演講題目是「行銷」，於是急忙重新製作資料，幸好沒釀成大禍。後來回憶這件事，一想到當時若沒看到那封郵件就覺得毛骨悚然，差一點就對那些想聽「行銷」的聽眾，演講「時間管理」的內容。主辦單位的細心關照真是幫了大忙。

為了減少忘記或記錯的風險，要養成習慣發提醒郵件。

時間陷阱題

會議什麼時候開始？

態度輕率，讓對方等待

須認清開會遲到是造成對方損失的行為。也要有自覺，臨時取消或改期是喪失信用的行為。

不讓對方等待，準備好就馬上開始

「高效工作者」會在表定時間前就開始，並從容地結束。不僅自己做好萬全準備才出席，也會事先提醒參加者，防止其他人疏忽出錯。

30

「回顧」後再進入正題

進入會議的正題前，要先回顧上一次會議。藉由這一小段短短幾分鐘的回顧，可消除共同認知的分歧，也能提高當天會議的速度和品質。

「回顧」上次會議，杜絕浪費時間

我在談論行銷話題時，時常說「思考行銷策略時，應以消費者對自己公司一無所知為前提」。

提供商品的一方，由於熱愛自家公司的商品，且自己做過多次說明，**容易以為「對方也知道」**，實際上消費者卻幾乎不認識自家的公司與商品。說明時假設消費者「一無所知」正是行銷的鐵則。

假設有某一樣商品進行廣告比稿。我們的客戶會在比稿前一個月的會議上，說明他們商品訴求的重點、目標客群、廣告大致的方向和預算等。對此，參與的各家行銷公司要在一個月後做簡報。

此時，有些公司會直接做簡報，但我會**先回顧客戶所提出的條件**。廣告代理商稱之為「已知條件的整理」。

例如傳達這種訊息：「先前聽聞這項商品的目標客群是以30多歲的女性為主。不過經我們調查後發現，40多歲的女性也有相當大的需求。因此，這次將在略微擴大目標客群的前提下，進行廣告企畫簡報。」

如此，**整理前提條件再開始簡報，也將更容易打動對方**。

這種思維也適用於在會議。

就算我們試圖詳述對自己而言很重要的案子，但在對方眼中卻未必同樣重要。上一次會議決定、說明的事項都有可能忘記。更何況，對方若是每個月經手幾十個案子的社長，可能連你是哪間公司的人都忘了。

你是否曾在會議上被質問，然後回答：「咦？這個部分上週也說明過了……」如果事先清楚回顧，就能避免重複說明、浪費時間。

「我們上一次討論到這裡，這一次就以此為前提，進行更深入的討論。」會議開始時只要告知一聲，就能提高之後的會議品質。開會時，與出席者抱持共同的認知極為重要。透過回顧仔細確認，若是發現共同認知有些分歧，那麼在會議的第一階段就能對應。

回顧的技巧，在大學授課或系列講座中也十分有效。「上週課程進行到這裡，本週就對這個議題進行討論吧。」我發現先傳達這種訊息，比起省去這個步驟，更能加深學生的理解。

會議也是一種溝通手段。經由「回顧」仔細整理、確認前提之後再進行有效率的討論。

時間陷阱題

開會時要再提「已說明過的部分」嗎？

✖

假設對方應該記得

一旦預設對方「應該記得」或「應該知道」來進行談話，談話時可能就會產生誤會，或是沒有交集。

✔

以對方忘記為前提，先「回顧」再開始

與提醒相同，在開會前回顧就不會浪費寶貴的時間。僅僅數分鐘的回顧就能縮短之後的會議時間。

31

90%人都做錯的「會議記錄」

開完會一定會留下會議記錄。會議記錄不用一字一句逐字冗長寫下。用一張A4紙簡要統整，讓日後重看的人能夠簡單了解重點，就是一份好的會議記錄。

會議記錄兩大目的

留下會議記錄有兩個目的。

第一，是讓曖昧不明的言語能有明確的共同認知。第二，是為了確認行動計畫，並依此執行會議上的決定事項。

沒有會議記錄的話，可能會造成日後的爭論：「那時是這樣決定的。」「不，我沒聽到。」這時，只要看過會議記錄就知道：「那時確實是這樣決定的。」如此就能使共同認知「明確化」。

另外，會議將進行某些決策。之前曾提到，會議本身並不會提高銷售額，參與者在會議結束後，根據會議決策實際採取行動，進而獲得成果才算「工作」。

為此全體上下一心，知道誰在何時該做何事才是最重要的事。這些預定稱為行動計畫。寫下行動計畫將讓會議記錄變得有意義。

不能多！統整成一張A4即可

我和前來諮詢的客戶的會議記錄，格式都是由我這邊準備。並且我會請求對方：「前兩次由我們記錄，第三次之後請貴公司自行記錄。」

雖然每一間公司可能都有各自的會議記錄格式，但必須記下的是以下五點：

①會議日期、地點

②參加者的姓名

③決定事項（條列式書寫）

④行動計畫

⑤下次會議時間

為了日後方便回顧，會議記錄要整理成一張A4紙。

記錄①會議日期時，也注意要將開會的時間寫下。明明平時兩小時就能結束，卻花了兩個半小時，這樣便是增加了成本，所以這就變成下次反省的項目。

③決定事項，根據議題分別寫下各個項目的決策。重點在於，條列式書寫已經討論完結的事實。由於是會議記錄，不必寫成文章。每一個議題只須條列式書寫3～4項。

例如，若是「營業行動計畫書變更」，實際變更內容全寫進會議記錄裡會很龐大，所以像這種計畫書就用附加的方式吧。至於會議記錄，還是要整理成一張A4紙。

最重要的是④行動計畫，這裡要明確地寫下「誰」在「何時」該「做何事」。

⑤下一次會議時間最好也是當場決定。既可作為截止期限，也能省下調整安排會議的時間。

在會議中或當天提交

製作會議記錄時，最好是邊聽取會議上的發言邊當場記錄。即使會議結束後花時間整理，也應該在幾十分鐘內完成。最晚都應該在開會當天提交。

就算留下許多空白，也不必勉強填滿。如果花了太多時間製作會議記錄，就回想最初的目的，究竟「為何開會？」「為何記下會議記錄？」

製作會議記錄是「作業」。**要意識到與其花很多時間製作詳細的會議記錄，不如花費較少時間，製作簡明易懂的會議記錄**。比起製作會議記錄，傾力於往後的行動會更有「成果」。

曖昧不明的內容要邊確認邊寫下

製作過會議記錄的人會發覺，通常開會討論時用的語句其實相當含糊。如果對決定事項不明瞭，請每一次都要確認。疏於確認的話，日後大家可能會互相推託：「我沒說我要負責。」「沒有人要動手。」

當負責人說法不明確時，最好由記錄會議的人提問：「是由〇〇先生來△△嗎？」因為記錄會議的人有「如實記下」的義務，所以提問不至於讓其他人感到不愉快。

雖說會議記錄要在會議當天送出，但收到會議記錄的人也應該在當天確認。趁著記憶猶新重看一遍，確認有無不一致。如果記下的內容與認知不同，就要馬上聯絡確認。

此外，和其他公司商談之後，將行動計畫用郵件發送，當成會議記錄的精簡版，也會有立竿見影的效果。

時間陷阱題

如何簡單快速做好會議記錄？

✖ 逐字寫下會議經過

冗長的文章難以理解要點，重看時很不方便。討論過程也不用一一記錄。只須清楚寫下決定事項。

✔ 用一張A4紙整合決定事項、行動計畫

不僅記下決定事項，為了日後的成果，要明確記錄「誰」在「何時」該「做何事」。

32 說「我再回去研究」就慢了

高效工作者會盡可能在會議現場做出「決定」。如果說出「我們先帶回公司研究。」「一週後會再提出改正方案。」之類的話，將會削減專案計畫的速度感。

會議前思考：是否可以權力下放

當顧客在會議現場提問時，有些人會馬上回答：「由於我無法決定，我再回公司請示。」「在下週會議前我們會研究出結果。」

當然，如果是剛進入公司的員工，無法自行判斷的狀況不在少數。因為沒有決策權，所以必須帶回公司仰賴主管的判斷。

就算是這種場合，**能獲得多少權力下放，只要事前跟主管商議即可**，或許可以得到相當大的轉圜空間。能依自己判斷決策的範圍愈大，會議中能做出的決定事項就愈多，有助於縮短會議時間。

此外，如果真的把議題帶回來，也要掌握要點報告給公司，就能在下次會議中做出明確回答，也能縮短會議時間。

工作效率高的商業人士，無論他是哪種職位，也很少只說一句：「我們帶回去研究。」為何會有這種差異呢？

提示就是先前提過的「洞燭機先」。若能預見會議現場將討論何種議題、對方將會提出哪些問題、對方將要求哪些工作，就能設想客戶可能提出的問題，並在事前與主管商量準備。

根據不同場合，有時可從主管那裡取得決策權：「在這範圍內，你可以在商議時做決定。」若能當場判斷，比起拖到下次會議才答覆的人，還能有多一週的工作時間。

該做何事才能避免說ＮＯ？

以高品質的接待聞名世界的麗思卡爾頓酒店，他們有一條方針是「The Ritz-Carlton Never say "No"——麗思卡爾頓從不說不」。意思是無論面對任何要求，他們在一開始絕不會說：「做不到。」而是必定回覆：「我知道了。我們試試看。」他們根據這一條方針，會馬上盡全力採取對策。

當然也「試過了卻做不到」的可能。即便如此，麗思卡爾頓酒店在一開始不會回覆：「我做不到。」或「請讓我思考一下。」我認為商業人士也能應用這個想法。

為了不在一開始就說ＮＯ，事前模擬各種情況是必要的。即使無法百分之百回應客戶的期待，或許也能提供事先準備的替代方案。只有洞燭機先才能如此對應。

當場打電話也是個方法

就算沒辦法那麼有遠見，但發生問題時，能當場打電話給主管（負責人）下決斷，那就這麼做吧。要是這場會議必須做出重要決斷，請事前告知主管：「開會時可能會打電話向您確認。」這樣會更妥當。

我向許多經營者提供諮詢服務，他們每一位同樣是行動相當迅速的人。在會議上決定「最好變更網站首頁的系統」時，他們不會說：「那我回去和工程師討論。」而是當場打電話給系統公司立刻確認：「能對應這種變更嗎？」作業不會耽擱，案子接連不斷地進行，最後業務的改善速度也會變快。

回去研究時要有明確的方向

當然在會議中，不是每一次都能在現場得出結論。

例如在製作有視覺創意的海報時，無法單憑一次的設計或副本就能當下決定。即使傾全力設計，如果和客戶想像的感覺不同，就會被要求修正。

由於重新進行這種創意思考需要時間，因此沒辦法在會議時間內要求提出另一個方案。這時就必須「回去研究」。

不過，就算是這種情況，**高效工作者會整合好「修正方向」之後再帶回去公司**。他會先取得大家的共識：「哪個地方和想像中不一樣呢？」像是「與目標客群的理解不一致嗎？」或者「是否偏離海報訴求的重點？」如果不能掌握修改重點就回去，下次也有可能交出偏離需求的提案。

對顧客要求的理解度愈高，就愈能提升下個提案的品質。明確指出「何處偏離主旨」再回去研究，最終將能縮短日後確認的時間。

時間陷阱題

對方要求修正，如何處理最有效率？

說「回去研究」

必須說「回去研究」表示不能洞燭機先。應該事先模擬狀況，盡可能做好準備以便能當場決定內容。

事前做好功課，盡量當場有結論

即使萬不得已必須「回去研究」時，也要先在公司內部討論出一個方向，商量可以提出何種替代方案。

33

決定好的事項立刻執行！

開完會議後，如果對所做的決策置之不理，會失去多數人的信任。此外，延誤執行的話，也會使相關人員抱持懷疑。

說出「等一下把資料送過去」後就立刻去做

高效工作者明白會議中的決定事項要立刻動手。

比如他說：「等一下把資料送過去。」就會在會議結束後立刻發郵件。這樣的行動能超出周遭共事者的期待，更加提升信任感。

最初的會議目標是「決定該做何事，以獲得工作成果」。要是決定的行動沒有立即開始，開會就毫無意義。

會議中討論出的行動計畫是投入時間、人事費用等成本的一致利益，絕不存在不付諸實行、擱置不管的選項。假如行動計畫並不明確，就表示會議進行或會議記錄的方式有問題，應該重新檢視。

確認自己的行動，在期限前從容地安排行程表才是上策。

給「無法獨自決定的事」充裕時間

碰見行動計畫中無法獨自決定的事情，盡可能從容地著手吧。請先處理必須和相關人員商量確認過後才能進行的工作。

即使趕在期限前動手，但如果最後必須取得主管的裁決，要是主管剛好外出或出差不在就趕不上期限。初次接觸的工作和無法獨力完成的工作，要確保更充裕的時間。

高效工作者立刻著手的三個理由

不只在會議中決定的行動計畫，高效工作者整體而言有個共通點，就是會儘早開始。儘早開始工作有三個優點。

第一，預計完成時間較不會有大幅落差。一旦開始著手，是否會耗費大量時間這個問題大致會有頭緒。反之，較晚動手的人則是突然驚覺：「這比想像中還要花時間！」結果拚命熬夜趕工。

第二，早點開始動手，如果在完成60％的階段向他人尋求建議，借助他人的智慧，就能完成更高品質的成品。比起咬緊牙關獨自埋頭苦幹，當然工作品質會更高。

第三，對於預料之外的問題能夠從容對應。如果儘早著手，時間上和精神上都能從容地立即對應。

會議中的決定事項早點完成最為理想。即使沒有完成，**若能儘早著手，便能正確估算時間，對於預料之外的突發問題也能從容對應。**

時間陷阱題

如何立刻拿出會議成果？

開會後就置之不理

沒有立刻執行決定事項，開會就沒有意義。會議本身並不會創造工作成果。動手執行，工作才算成立。

開會後立刻開始執行

高效工作者在會議後立刻動作。尤其面對無法獨自判斷的「後續作業」時，更會從容地儘早著手。

34

別踩到「視訊會議」的地雷

最近利用skype或hangouts的視訊會議逐漸增加。在真實世界隔著距離也能見面開會，在快速推動工作時，這是非常有效的一種手段。

然而，與在同一個空間面對面的會談相比，視訊會議的溝通密度一定會降低。

與一般會議相比，視訊會議必須比平時更顧慮到對方。進行會議時要注意溝通沒有交集的情形。

仔細確認訊號、背景、聲音

我也時常利用skype開視訊會議，多少留意到一些事情。

首先理所當然的是，**確認訊號狀況**。如果在訊號微弱的地方，會議可能會中斷，所以應該選擇訊號沒有問題的地方。

儘管是視訊會議，也必須在開始時間時準時開始，這和當面開會是相同的。所有設定應該要在會議前5分鐘就完成，以便能夠準時上線。時間一到才不會「忘記密碼、無法登入」而慌了手腳。

還有一點就是必須注意鏡頭前的**背景**。例如，比起用擺滿書的書架做為背景，用白色牆壁當背景會更好。乾淨明亮的背景能讓對方不接受到多餘資訊，更容易談話。

在視訊會議時，聽錯是最可怕的事。面對面的時候不太會聽錯，可是在視訊會議卻時常發生。因此得重視聲音的問題。**不能用電腦內建的喇叭，應戴上耳機確保聽得清楚**。如果背景太過嘈雜，則應該選擇良好環境。

要顧慮到海外視訊會議的時差

平常與海外進行視訊會議的人也增加不少。與海外一起開會時除了時差，同時也必須顧慮到各國的習慣。

日本跟美國的時差很大，雙方能開會的合理時間並不多。尤其日本人很容易遺忘夏令時間（在美國是日光節約時間），要特別注意時間設定不造成對方負擔。

此外，也必須顧慮到宗教習慣。避開禱告時間，或是齋戒月的時期，在海外貿易也是必須考慮的問題。

時間陷阱題

開視訊會議就能節省時間嗎？

✕

不考慮通訊科技的風險，直接開會

如果視訊會議在訊號、背景或聲音等方面不完備，比起面對面的會議會更容易產生誤會。除了開會內容，硬體設備也要準備周全。

✓

做足準備，設置「顧及對方」的開會環境

站在對方立場，留意設定方便開會的環境。也別忘了考慮時差與信仰問題。

高效專欄
column 4

消除分歧的好工具：白板

根據我的經驗，會議目標時常在不知不覺中迷失。一旦認知出現分歧，隔閡便無法填補。如果眾人陷入這種狀態，會議的生產性必然會降低。

此時應該活用「白板」這個老工具。

首先在會議開始時，在白板寫下會議的要點。包括會議的預定時間、目標、主要議題這三項即可。只要先寫下這幾點，就算開會途中出現與正題無關的議論也能直接提醒：「今天的目標是決定任務分配，其他議題有機會再另行討論。」

會議開始後，參加者會爭相表達各自的意見與見解，有時候在基礎論點會出現分歧。利用白板能使分歧意見的原本樣貌清楚可見，並找出消除分歧的方法。

先問一聲：「要把意見都寫在白板上嗎？」使用矩陣或流程圖整理後，就能填補認知上的分歧。

善用白板的人通常工作效率高。這個事實在所有企業的高薪人才中是個通則。

進行人數較少的商談，且會議室裡沒有白板時，也建議以相同要領使用筆記本。

若遇到難以解決的問題，試著寫下這些分歧，取得共識後就能順利解決。

另外，用手機相機拍下白板或筆記本也能代替會議記錄。

第5章

時間救星：正確製作資料

35

必須站在閱讀者的角度

高效工作者不會花太多時間製作資料。

不花太多時間做出完善資料的最大要點是，要站在閱讀者的角度製作資料。請留意，目標是製作一份能讓對方馬上理解的資料，裡面清楚寫出他想要的資訊。

以「使接收者容易閱讀」為最優先

你什麼時候會需要製作資料呢？

公司內部的研究資料、企畫書與報告書；業績的進行管理表；向外包廠商提出的訂單或規格書；交給客戶的提案書；對顧客發表的簡報資料……等，資料本身也分成各種目的與格式。

高效工作者在製作任何資料時，都會意識到一個大原則，就是必須「**站在接收者的立場思考**」。

「花為觀者盛開」是能劇演員世阿彌的名言。意思是「花並不覺得自己燦爛盛開。花朵之所以美麗，是來自於賞花者的感受。」換言之，世阿彌的意思是，能劇演員無論演技再好，如果觀眾不覺得好，那精湛的演技便毫無意義。

這個觀點在商業上也適用。溝通要傳達給對方才算成立。**再怎麼苦思花時間製作完善資料，對閱讀者而言若是難以閱讀，就稱不上完善的資料**。應該以時時站在對方的立場製作資料為最優先。

製作「不造成壓力」的資料

所謂「讓收件者壓力大」的資料是如何？

例如，字很小又擠在一起，使人不想看的資料；文字字型未統一，不易閱讀的資料；用自已才懂的原文或業界用語說明的資料；研究邏輯薄弱，數據不足的資料……讓人壓力大的資料類型還有很多，光是從對方的立場思考，便能想像哪一種不易閱讀。

反之，容易閱讀的資料會先敘述結論，並有詳細的目錄，不只文字還搭配圖解，讓人從視覺上容易理解，最重要的數字則配置在最顯眼的位置。

用「角色扮演」確認資料是否易讀

如果將使用提供的資料進行說明，建議先試試看「角色扮演」。如此一來，便能確認資料「易於使用」的程度。

我在業務研修等場合也會讓職員進行角色扮演。具體而言，是分成業務員與客戶的角色，讓他們實際對談。藉由開口說明，便會發覺資料的優先更改順序，或了解數據有無不足。

製作資料時，請設想實際使用的場合，這是製作完善的捷徑。

時間陷阱題

如何將資料做得又快又好？

製作「自以為是」的資料

難以閱讀的資料通常製作者都很自以為是。必須意識到資料並非為自己製作的，而是為了閱讀者而存在。

專為收件者製作「簡單明瞭」的資料

高效工作者可以理解對方會有哪些疑問、想知道什麼，再依此製作資料。若能從閱讀者的觀點製作資料，會議與簡報就能順利進行。

36

放棄原創的堅持吧！

你在製作企畫書之類需要等候批准的資料時，是否耗費了太多時間？

企畫書在拿出成果一連串過程中最重要的資料。之所以容易被忽略，是因為企畫書通常視為推動企畫前進的手段。

高效工作者理解企畫書不過是種手段，因此他會迅速地製作，順利獲得決策者的批准。其中祕訣藏在何處呢？

參考前例的格式完成製作

有不少人把企畫、提案當成創造性的資料。企畫與提案確實有些部分需要原創，但其實有些地方並不需要。

例如，以獲得公司內部批准撥出預算為目的，將手上的「促銷計畫」整理成企畫書。這時絕不能閉門造車，自己從頭製作資料。這種作法很花時間。更何況在企畫推動後，拿出成果的過程還必須耗時費日。假如決策者看過資料還需要時間才能批准，原因大多出在太堅持發揮原創性，無法充分掌握獲得批准的重點。

根據前例找出「範本」

「創造力＝不參考範本，發揮原創性」的想法是一種誤解，有時看起來只是沒去參考前例。

高效工作者會找出能獲得批准的「範本」。

要將促銷計畫整理成企畫書時，要先針對自己推動的企畫，在客戶的業界與預算規模中找出相近的要素，再從主管、前輩所寫的企畫書裡尋找可參考的前例。按照不同情況，甚至可以直接向製作者索取格式。掌握優良的「範本」便能獲得公司內部批准撥出預算。應確認企畫資料的論點鋪陳、決策者的判斷標準、文章與圖像的格調等各式「範本」。

做好這些準備，思考如何將重點套用在自己推動的企畫中。然後才思考如何呈現企畫的原創性。若確實掌握以上步驟，就不至於只塞滿了自己的見解，並未具備決策者進行判斷的所需資訊。

高效工作者即使製作企畫書等自由度高的資料，也會善於「盜取」範本加以應用，讓企畫書順利通過。企畫書老是很難獲得批准的人，一定要注意範本的存在。

時間陷阱題

每一次提案都通過的「企畫書」寫法

✗ 誤以為「原創性」才有價值

任何事都從零開始很花時間。資料最重要的一點是「傳達給閱讀者」。不要全都以自己的方法製作，如果有前例，應重視第三者的建議。

✓ 參考公司內部資料與前輩建議

高效工作者會減少能縮短時間的部分。參考過去的格式與前輩的建議，製作資料就不會太花時間。

37

一開始別用Excel做資料

用Excel或PowerPoint製作資料時，你會不會直接用電腦開始作業？高效工作者在打開電腦前會先思考整體的設計圖。一開始環視整體後，再加入詳細內容，迅速做出簡單明瞭的資料。

「傳統→數位」的順序好處多多

從零開始構思點子，俯瞰整體製作設計圖的作業，用紙和筆其實會更有效率。

例如你想將自己客戶的資料整理成Excel表格，但主管與前輩沒人製作過這種資料。碰見這種狀況，要先確認製作資料的目的，接著用紙和筆畫出整體的設計。**一開始**

先做整體設計，決定最終的輸出方向後，再反推回去製作資料是鐵則。

直接**用Excel製作資料看似方便，其實限制很多**。

最大的問題在於輸入函數算式的地方。如果不能一次決定好整個版面，之後得多次調整位置，連設定好的函數也必須一起調整。為了消除這些調整作業而造成的失誤，最好在事前就決定Excel資料的整個版面。

再者，有些Excel工作表比較大，當你想看整體時就得捲動到下方，甚至還必須顯示下一頁，非常不適合檢視整體。

相對地，手寫等傳統方式的優點在於自由度很高。行數與文字的大小沒有限制。因此想法也很自由。

另一方面，要調整圖表或字型等外觀時，還是數位方式比較合適。完成資料的藍圖，也決定好輸出的方向性與形象之後，就打開電腦實際製作資料。

理解傳統與數位方式各自的特色，以最適當的方法做最終的輸出吧。

儘早學習Excel基本功

工作上經常用到Excel的人，應儘早掌握基本操作方法。

除了閱讀相關書籍，也要確實記住有哪些函數，又該如何活用。

依我的經驗，當想要某種方便的函數時，只要一查通常都能找到。**能用一個Excel函數處理的項目，如果還花費時間與勞力動手輸入，那麼時間就會不知不覺被偷走**。為了更有效率地用Excel製作資料，常接觸的人應該要打好操作方法的基本功。

時間陷阱題

使用Excel製作資料必須注意什麼？

直接打開Excel就開始製作

工作效率差的人還沒看清整體情況時，就會急著動手製作資料。與其精心設計細節，不如先確認目標的最終型態。

先思考整體架構，再打開Excel

高效工作者會確認資料的最終目的，經過整體設計後，才開始用電腦製作資料。

38

文字不能說明一切

高效工作者會在資料中加入圖表、圖解等，並巧妙地活用這些圖像要素。這麼做通常能讓對方一目了然。如此一來會更容易獲得成果，也容易給對方思緒清楚的印象。

在此介紹幾種在資料中易於活用的圖表。

可以立即採用的「箭頭」與「流程圖」

首先靈活運用「箭頭」。商業上「因為A所以B」這種說明因果的機會很常見。這時以箭頭連接，用「A→B」與圖表呈現在視覺上也容易使人理解。當A與B是相反概念時，則用「A↔B」連結。用箭頭連結很簡單，能運用的場面也不少。

用「箭頭」立刻將資料圖像化

因果關係

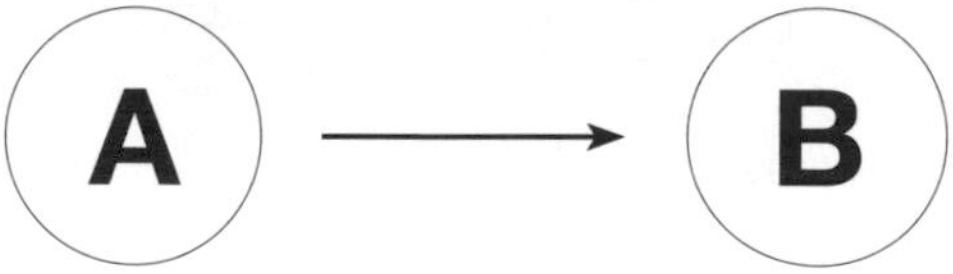

「因為A所以B」

對立、矛盾

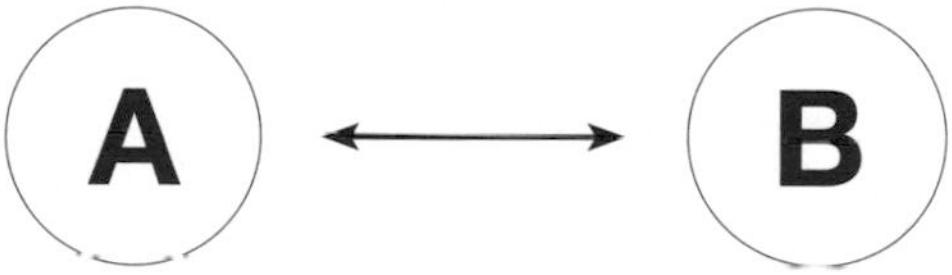

「A與B完全相反」
「A與B彼此矛盾」

流程圖也十分方便好用。流程圖如同字面意思，是用圖表呈現流程，可以呈現時間與客戶行動的流程。如果整理資料時想讓人意識到重點時，這是非常好用的工具。例如將「開會前、開會中、開會後」製成流程圖，又如整理應辦事項，也可以用這個方法說明。

用表格與象限圖「視覺化」

我向客戶提供諮詢服務時經常使用「表格」與「象限圖」。

表格可以將「立即該做的事／可以延後的事」×「擅長（喜歡）的事／不擅長（討厭）的事」分成2×2的4個區塊整理。如此一來，便可將整體毫無遺漏地分類。

一般人容易以為表格是用2×2的4個區塊進行比較，但其實分成6或8格也行。例如左頁右側表格是6格的矩陣。這是說明在線上（網路）與離線（現實）招攬顧客銷售商品的商業模式時所用的表格。

● 應善加利用的圖像範例 ●

流程圖

呈現過程

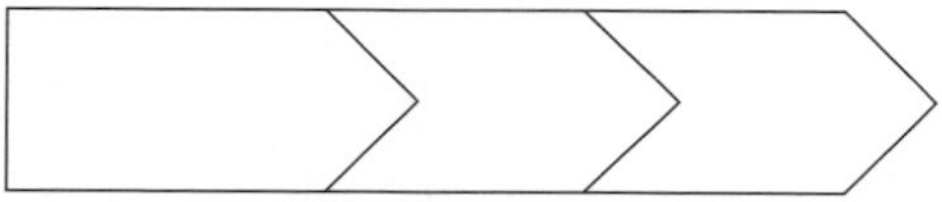

表格

網羅整體資訊並加以整理

	擅長（喜歡）的事	不擅長（討厭）的事
立即該做的事	A	B
可以延後的事	C	D

	研究	招攬顧客	主要商品
線上	網路問卷	部落格	影片銷售
離線	問卷調查	研討會	諮詢服務

象限圖

確認自家公司與競爭企業的市場定位

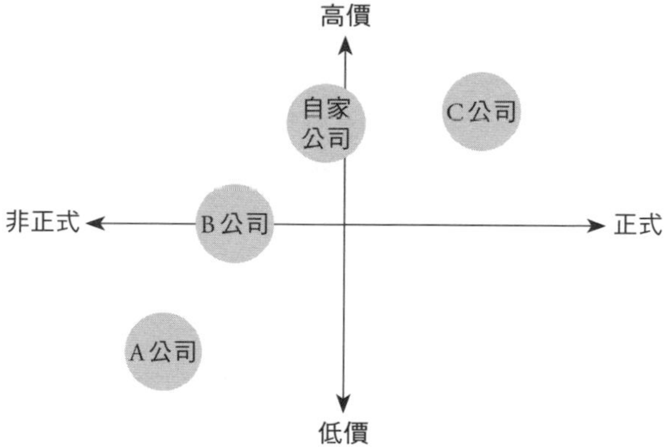

象限圖在整理市場定位時很方便。

相較於表格適合網羅整體加以檢視，呈現位置的象限圖則可用於相對比較。例如比較競爭公司與自家公司的商品時，這種定位方式非常易懂。觀看者可以清楚知道自己該有的定位，以及應該鎖定的目標。

如此一來，比起只用文字說明，在資料中加入圖解更能理解問題與提案。順帶一提，一開始畫圖表時不要直接對著電腦，先用紙筆徒手畫設計圖，將能縮短工作時間。

時間陷阱題

如何做出清楚易懂的資料？

只用「文字」說明

只有文字的資料不見得比較差。但若能活用圖表或圖解等圖像，將更有可能使對方快速理解。

加入箭頭、流程圖、表格等「圖解」

高效工作者會下工夫思考，能否用圖解清楚易懂地說明文字資訊？

請活用流程圖、表格與象限圖等圖解。

39

「追求完美」是之後的事

高效工作者不會一開始就想做出完美的資料。其實，他們對於「完美的資料」的認知，與效率差的人之間有著極大差距。

先完成「67%的草案」請主管過目

製作資料時，若想做出100分的資料讓決策者與主管「一次通過」，必定會耗費大量時間。取得決策者的批准是工作的一個過程，而最終目的在於：根據這份資料進行工作，並取得最大的成果。若能縮短獲得批准的時間自是最好不過。

有不少人討厭收到主管的修改指示，可是能從主管獲得自己無法察覺的觀點，反而應該欣然接受。如果能這樣想通就更好了——主管指出缺點的部分並非自己能力不足，而是因為資料不足。

免除資料修改指示的祕訣是，將完成度67%的草案，即完成度3分之2，在留有時間修改前提下請主管過目。

所謂67%的草案並非「馬馬虎虎的資料」，而是「主管能夠掌握架構的資料」。例如若是行銷企畫的提案，先將「對哪些人、如何接近、使用多少預算、可期待多少效果？」等重點條列式書寫整理，便能提出架構讓主管過目，並做出大致判斷。

不只留時間修改，還要多留一天

請主管先確認67%的資料的時機也很重要。記得確認資料的目的，從主管與前輩獲得建議。如果能夠確認前例，可減少「方向完全不對」的情形，但就算如此，還是有可能接到「再加一些資料」等指示。因此，一**開始提出架構尋求意見的時間點，可以以「預計修改天數＋1天」為標準**。

最糟的狀況是「方向完全不對」的情形。當你做到3分之2，卻被告知得全部重做，這時你或許會很沮喪，畢竟要費兩遍工夫，多花很多時間。

不過請你思考一下。如果是在提交資料的當天，才被告知「完全不對」……

高效工作者為了對應這種突發狀況，進行工作時一定會留下緩衝時間。

主管的指示可驗證預想狀況

向主管與前輩請求指示時，不可以問：「我該做什麼？」這種缺乏主體性的問題。這樣「等待指示」的行為，在商場上並不合適。

「我想了2個方案。我覺得其中A案比較好，您覺得呢？」應該在清楚表達自己的意見、想法後再提問。最好先思考自己的意見，依據自己的想法提出行動，再請主管與前輩判斷。

向主管請教修改指示時，要下意識提出具體問題。假如被主管否決，也不要馬上罷手，這時不妨向主管說明自己的假設。「我的想法或許能用這一點實現，這樣可行嗎？」若能適度表達自己的意見：「是哪一個假設不夠充分呢？」將能獲得主管的回饋意見。

英語有個說法是「GO or NOT GO」，這並非「好或不好」這種含糊的判斷，而是請求判斷「該做或該中止」，可以預防之後沒有交集。

如果主管說「就從這個方向做」，表示取得了口頭約定。假如要再次提醒，不妨發一封郵件：「剛才真是謝謝您。我會以這個方向進行。」在某些情況會很有效。

儘早完成，獲得「彩色浴效果」

早點完成資料，可以輕鬆使內容更精鍊。

心理學用語有個**彩色浴效果**，是指：「當你意識到某種顏色，你就會感覺眼裡只看見這種顏色。」

資訊也是相同的。當你的想法愈是強烈，是否覺得相關資訊愈會出現在你身邊呢？這也是彩色浴效果。

製作資料時先快速完成67％，優點是能夠獲得這種彩色浴效果。

「這份資料需要這些數據。」當你這麼想，很奇妙地自然會收集到這些數據。先完成3分之2留有修改餘裕，後來經過彩色浴效果收集到的資訊也能加入資料。對於趕在期限前才製作資料的低效工作者來說，這些新的資料是無法察覺的一塊。

時間陷阱題

如何提高資料的完成度？

一開始就要求100%的完成度

工作效率差的人不只架構，會在連修飾都全部完成後才請教他人意見。假如方向不對，就需要大幅修改。

先寫出架構完整的67%草案

高效工作者會以3分之2的完成度為標準，寫出之後立刻請教他人的意見。藉由吸收客觀的建議，能提高資料的完成度，也能消除風險避免做出方向錯誤的資料。

40

最強資料不是一天造成的

高效工作者會確認資料被理解的方式，並且每次都加以修正，下次工作時便能派上用場。

製作資料這件事並非工作目標。利用資料「拿出成果」才是真實目標。「終於做完了！」不可滿足於完成，重點在於回顧這份資料是否有助於達成目標，並活用於下次。

把資料當成「永遠的β版」

近年來在行銷界，光是滿足「顧客」還不夠，將「感動」傳達給顧客才是企業競爭優勢的泉源，這個觀點正逐漸擴散。其中之一就是**「永遠的β版」**這個想法。換言之，為了提供顧客更精彩的體驗，**從中長期觀點來看，一切工作都不是真正的完成，而永遠都有持續研究的餘地**，這便稱為「永遠的β版」。

這個觀點不只在企業策略，也能套用到本章的主題：資料製作。資料完成並不代表結束，等到下次機會來臨，必須思考能否提供更多滿足與感動。

以我的情況而言，會準備演講專用的簡報資料。即使主題相同，也會每次配合對象調整，我會根據過去每一次使用投影片的對象反覆調整，讓自己變得更完整，以面對下一場演講。

此時，在製作新的投影片之際，「上次有人對這張投影片提出問題」，或「這邊再說明得仔細一點會比較好，再加一份資料吧」。我會一邊判斷一邊修改。

能做到這點也是因為我時常回顧之前的演講。儘管當時竭盡全力製作資料，我也把這些當成永遠的β版，**重複修改與磨練，不斷累積經驗，才能提高滿意度，進而帶給顧客感動**。

想聽真心話，先傾聽「不滿」

發資料說明時，請仔細確認對方是否接收到訊息。假如內容難以傳達，就必須重新檢視該部分的資料。如果做出的資料不符合對方要求的「應有品質」，就得立即採取對策。

探聽對方真心話的有效方法並非「傾聽滿意之處」，而是「傾聽不滿」。如果你問：「這次的提案資料還滿意嗎？」通常多數人會回答：「滿意。」即使多少有些不滿，但還是會顧慮到眼前的人，所以很難問出真心話。

想聽見真心話，就必須下點工夫在提問方式：

「這次的提案資料中〇〇的部分會不會很難理解？」

「除了這裡，還有其他難以理解的地方嗎？」

若具體詢問，對方也容易說出要求與意見。

「有沒有問題？」

直接問也很重要。對方提出的問題，是了解對方想知道的事情與感興趣之處的好機會。收到問題時要詳細記下，然後研究是否再加些資料會更好。

詢問對方覺得難以理解的部分，或許需要一點勇氣。然而，這表示之前未達到應提供給對方的品質，而新問到的意見也能在下一次工作派上用場。

對方理解嗎？觀察就對了

確認對方的行動也是有效的方法。

例如，若有意識地確認眼前對象的反應，大致就能得知對方的理解程度。其實很簡單，當對方露出不解的神情，或百無聊賴地抱著胳膊時，表示你必須重新檢視資料與傳達方式。

反之，若是對方熱切地將說明內容記在資料上，就表示對方感到興味盎然。或許能再留點時間做簡報，或是資料還有強化的空間。

寶貴提示或許就在「問卷」裡

如果有機會在眾人前說話，不妨做個問卷調查。

我在演講時也一定會做問卷調查。這時須注意詢問滿意度「5・4・3・2・1」的數字調查僅供參考。這種數字調查的樣本若沒有數百人以上規模，統計時便會失真，其實沒多大意義。「上次平均3.5的滿意度提升到4.3了。」即使深入統計，如果觀眾不過百人，充其量算是誤導。

更應重視的是稱為定性研究的「自由記述欄」。像我一定會加入「給演說者打氣」和「你發現的事」這兩項。若是自由記述，多數人並不會填寫，若是有個「給演說者打氣」，填寫的機率就會提高。而且再加上「你發現的事」這個問題，或許能獲得下次改進的重點。

觀察對方的反應與行動，可改善資料「不夠好的部分」；「不錯的部分」則要再研究；一定要回顧才能將感動帶給對方。

時間陷阱題

製作資料的技能可以磨練嗎？

✖ 每次都沿用相同的資料

工作效率差的人每次都沿用相同資料。了解觀看者對資料的理解度與提案的滿意度，才能一步步加以改善。

✔ 回顧並修正，濃縮各方的經驗

高效工作者會從做好的資料不斷學習。眼觀四面，耳聽八方，確認對方對資料的理解程度，時時磨練自己的能力。

高效專欄
column 5

時間管理並非「省時主義」

高效工作者總是能有效率地進行工作，但從某些角度看來，他有時運用時間的方式似乎繞遠路。如同本書多次重複提及，這是因為工作的本質在於「獲得成果」。

而效率化則未必與工作成果呈正比。

完成工作的「作業」愈早結束愈好，至於提高工作價值的「價業」經常能帶來重大成果——如乍看繞遠路的事前準備與事前研究，和關鍵人物協商（交涉）。

比方說，工作效率愈高的人愈常寫手寫謝函，或經常邀後輩去喝一杯。這些時間或許看似沒效率，但與工作對象建立圓滿的人際關係，將大幅影響工作成果。

凡事都以「省時主義」純粹追求效率，便無法獲得對方信任，或許對方也不會想再和你共事。

此外，高效工作者最大的特點是私生活很充實。可以好好休假，把時間用在興趣與旅行的人，一定是高效工作者。

從公司外面的世界獲得的知識與豐富觀點，也會為工作帶來刺激。在這個時代，無法對應多樣性將讓自己置身於險境。真正「能幹」的人，他們知道工作以外的時間，不僅能豐富人生，最終也會回饋到自己的工作上。

結語
不只工作，也要拿出人生的成果

「理央先生，你到底都何時睡覺啊？」

原本以行銷為生的我，對於「時間管理」主題的執筆契機就是這一句話。

我有三個「工作」：諮詢顧問、大學教授、作者。另一方面，我會在臉書與部落格分享我的興趣，如享受料理與電影欣賞這些「私人時光」。朋友很清楚我「東奔西走」這字面上的生活，所以他們常會問我：「你到底哪來的時間啊？」

我確實有東京的工作和大阪的課程，一個月有一半時間都待在老家名古屋。看起來很忙碌吧？可是我每天都非常充實。我的一天從帶著愛犬「餡餅」出門散步開始。每週空出兩天沒有排定行程的日子，為自己的公司規劃未來、擬定策略，或是把時間用在閱讀與購物。週末則自號「理央廚房」，享受料理的樂趣。

很奇妙地，工作順利時私生活也會很充實。「順利」時心靈上的餘裕能產生好主意，且能反映在工作上帶來成果。創造良好循環的祕訣就是「取捨」與「人」這兩者。

想有效運用時間，首先得讓行動的「內容」變得明確，即「該做的事」（工作）。世上有眾多優秀的時間管理書籍與觀點。然而，也有不少人受到過多「方法」擺布。時間一去不復返，是無可替代的寶貴資源。時間並不是無限的。任何人都有24小時，同樣是不多也不少。

實在很想好好做時間的取捨，但每天忙碌，有些突發狀況必須先處理，主管與顧客不合理的要求和緊急工作必須先做。但愈是忙碌，就愈靜下心來管理工作。

首先，把該做的工作「全部」列出來。接著捨棄「不需要」的項目。最後，決定剩下工作的「優先」順序，接著再決定各項工作該如何處理的「策略」（方針）。第二點「捨棄」或許很難做到。然而，擬定策略與「捨棄」正是同義語。

「就算你這麼說，可是每一件都很重要啊。」

有不少人會如此認為，但實際上勇敢撤退才能獲得工作上的成果。

另一個重點是「人」。雖然資訊日漸發達便利，但工作是由人執行的。

我自己當員工時，有很長一段時期都在煩惱：「為什麼我會忙到沒有自己的時間呢？」我待過十間公司，也曾用「犧牲小我」的態度在平日或假日加班。另一方面，有些公司的人雖然也是一大早就要進公司，但他們卻不用加班或假日上班。

我回顧這些經驗之後，發現前者的企業文化是「只憑藉毅力」，相當令人遺憾；後者則因為「該做的事很明確」，所以員工可以負起責任管理時間，成就了他們的公司風氣。

後者那樣的公司，「能幹的前輩們」一定會考慮到「周遭的人」。絕不是看情況說話，想要含混過關，而是眼光長遠地環視整體後找出最適合的解答。他們做事風格不是獨善其身，而是思考讓「後續作業」的人能順利接手的方式再開始動作。

本書不只介紹時間管理的方法與工具，也論述了商業人士應具備的觀點。工作目標是「拿出成果」，所以工作者應該執著於成果，而非取得成果的過程。臨機應變，最重要的是拿出成果。換個說法就是，與其在意「如何完成？」的HOW（手法），理解「為何如此？」的WHY（原因）更能快速得到驚人成果。

為了拿出成果，自己心裡先要有明確的方針。另外也希望讀者們不要忘記，人際關係絕對不可以忽略。

最後，感謝協助本書執筆的作家佐藤友美小姐、員工時期帶我領略工作的嚴肅與樂趣的梶原勇介先生、教導我行銷學的加倉井隆男先生，多虧各位本書才得以出版。

感謝內人弘子總是支持任性又恣意妄為的我，還有一直很努力的兒子修一朗，幽默感出眾總是讓家裡洋溢歡笑的女兒莉麻，爸爸能夠這麼開心地工作度過每一天，都是因為有你們在。真的很感謝你們。

一起來 思 019

精準取捨：避開90%時間陷阱的高效工作術

仕事の速い人が やらない時間の使い方

作　　者　理央周
譯　　者　高詹燦、蘇聖翔
主　　編　林子揚

總 編 輯　陳旭華
電　　郵　steve@bookrep.com.tw
社　　長　郭重興
發行人兼出版總監　曾大福

封面設計　萬勝安
內頁排版　宸遠彩藝
印務經理　黃禮賢
印　　製　成陽印刷股份有限公司
出版單位　一起來出版／遠足文化事業股份有限公司
發　　行　遠足文化事業股份有限公司
www.bookrep.com.tw
23141 新北市新店區民權路 108-2 號 9 樓
電話｜02-22181417　傳真｜02-86671851

法律顧問　華洋法律事務所　蘇文生律師
初版一刷　2020 年 6 月
定　　價　360 元

國家圖書館出版品預行編目 (CIP) 資料

精準取捨：避開 90% 時間陷阱的高效工作術 / 理央周著 ; 高詹燦、蘇聖翔譯 . -- 初版 . -- 新北市 : 一起來出版 : 遠足文化發行 , 2020.6
面 ;　公分 . --（一起來思 ; 19）
譯自 : 仕事の速い人が やらない時間の使い方
ISBN 978-986-94606-5-1(平裝)

1. 工作效率　2. 時間管理

494.01　　106011611